U0182270

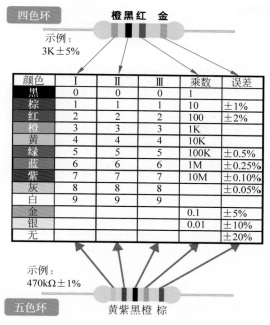

橙黑红 金

示例：
3K±5%

颜色	I	II	III	乘数	误差
黑	0	0	0	1	
棕	1	1	1	10	±1%
红	2	2	2	100	±2%
橙	3	3	3	1K	
黄	4	4	4	10K	
绿	5	5	5	100K	±0.5%
蓝	6	6	6	1M	±0.25%
紫	7	7	7	10M	±0.10%
灰	8	8	8		±0.05%
白	9	9	9		
金				0.1	±5%
银				0.01	±10%
无					±20%

示例：
470kΩ±1%

五色环

黄紫黑橙 棕

图 1-1-4　色环电阻读取方法

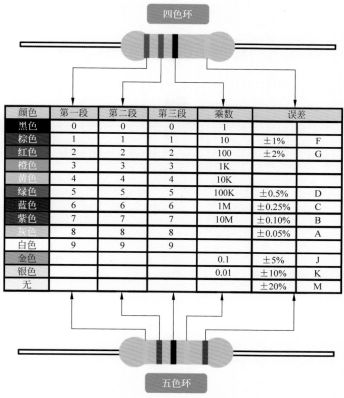

四色环

颜色	第一段	第二段	第三段	乘数	误差	
黑色	0	0	0	1		
棕色	1	1	1	10	±1%	F
红色	2	2	2	100	±2%	G
橙色	3	3	3	1K		
黄色	4	4	4	10K		
绿色	5	5	5	100K	±0.5%	D
蓝色	6	6	6	1M	±0.25%	C
紫色	7	7	7	10M	±0.10%	B
灰色	8	8	8		±0.05%	A
白色	9	9	9			
金色				0.1	±5%	J
银色				0.01	±10%	K
无					±20%	M

五色环

图 1-1-16　色环电感读取方法

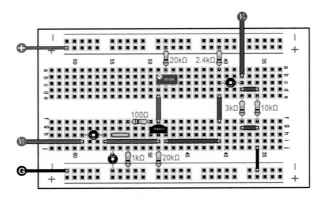

图 3-3-10　共射极放大电路面包板整体布局图

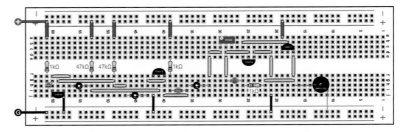

图 3-3-13　模拟"知了"叫声的电路面包板整体布局图

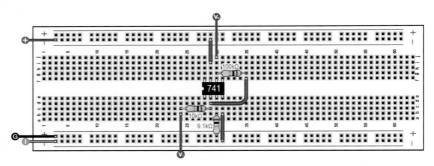

图 3-4-12　反相放大器电路面包板整体布局图

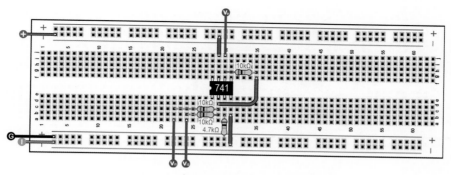

图 3-4-26　反相加法器电路面包板整体布局图

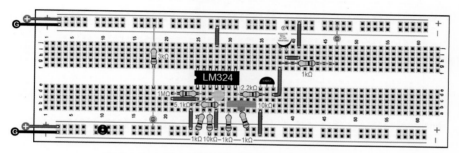

图 3-4-29　湿度检测报警电路面包板整体布局图

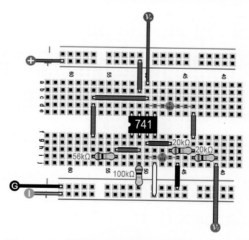

图 3-5-15　低通滤波器电路面包板整体布局图

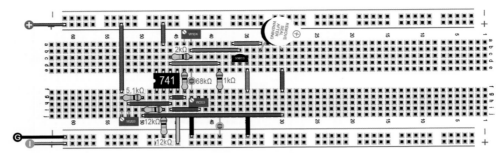

图 3-5-22　温度报警器电路面包板整体布局图

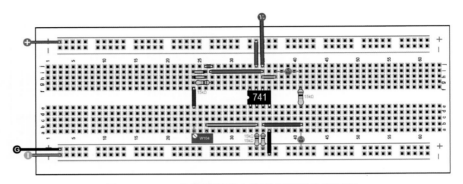

图 3-6-9　*RC* 串并联振荡电路面包板整体布局图

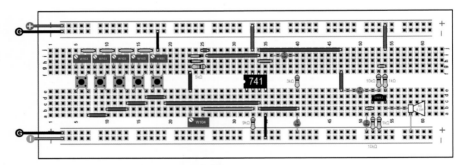

图 3-6-14　*RC* 振荡电路实现简易电子琴电路面包板整体布局图

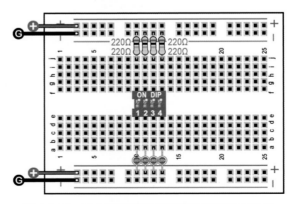

图 4-1-13　输入输出控制电路面包板整体布局图

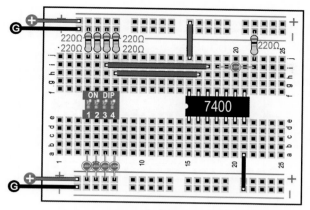

图 4-1-14　"与非"门电路面包板整体布局图

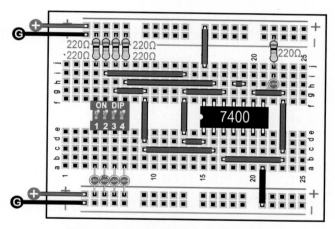

图 4-1-18　表决电路面包板整体布局图

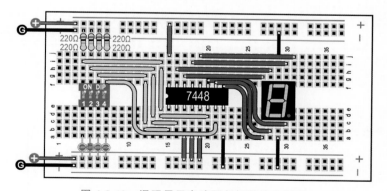

图 4-2-12　译码显示电路面包板整体布局图

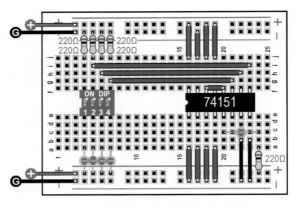

图 4-2-14　表决电路面包板整体布局图

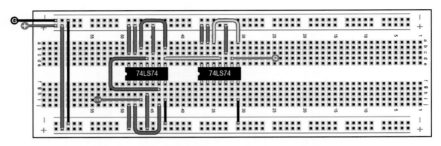

图 4-3-10　D 触发器构成八分频电路面包板整体布局图

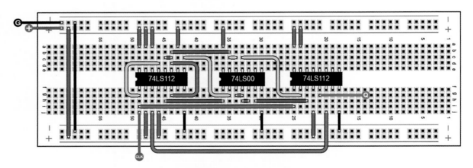

图 4-3-13　JK 触发器构成五分频电路面包板整体布局图

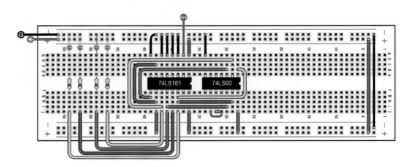

图 4-4-14　74LS161 构成十进制计数器电路面包板整体布局图

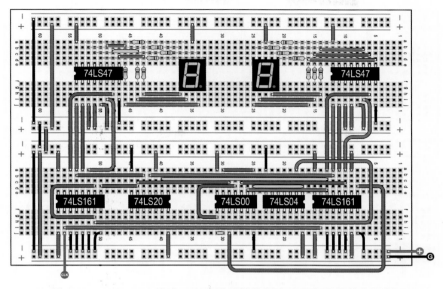

图 4-4-18 .74LS161 构成二十四进制计数器电路面包板整体布局图

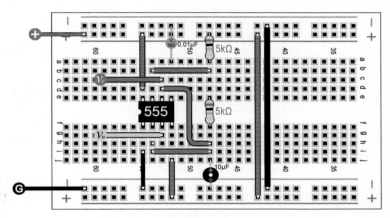

图 4-5-20 多谐振荡器面包板整体布局图

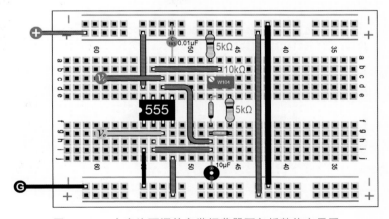

图 4-5-21 占空比可调的多谐振荡器面包板整体布局图

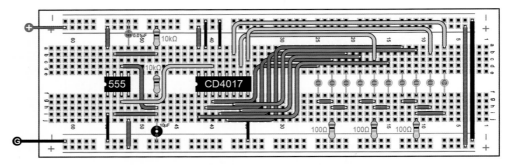

图 4-5-25　流水灯面包板整体布局图

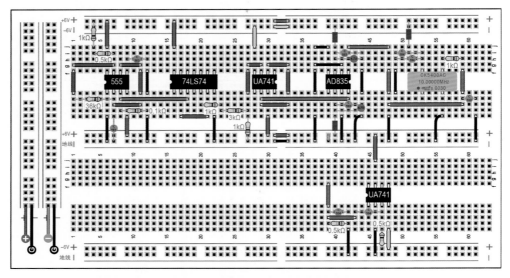

图 5-1-13　雷达信号综合发射接收系统面包板整体布局图

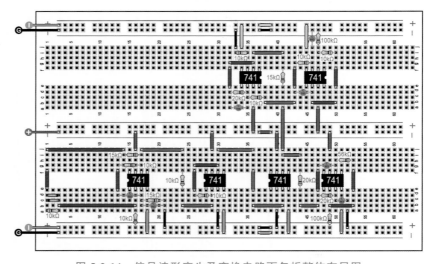

图 5-2-14　信号波形产生及变换电路面包板整体布局图

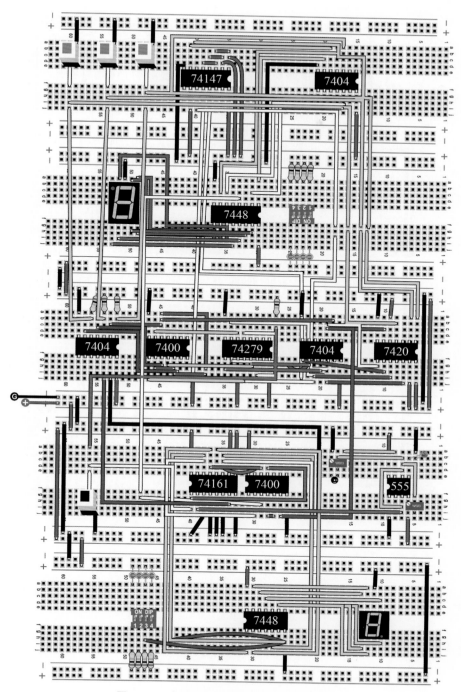

图 5-3-6　多功能抢答器面包板整体布局图

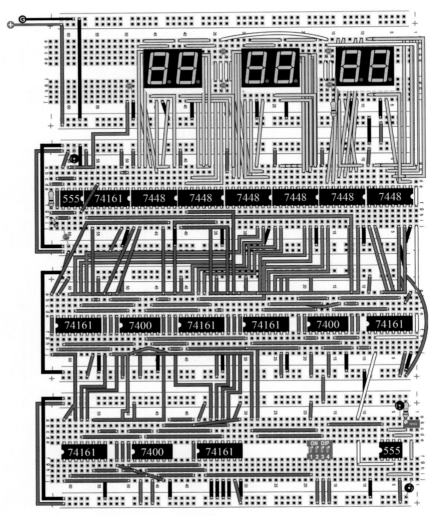

图 5-4-8　多功能数字钟面包板整体布局图

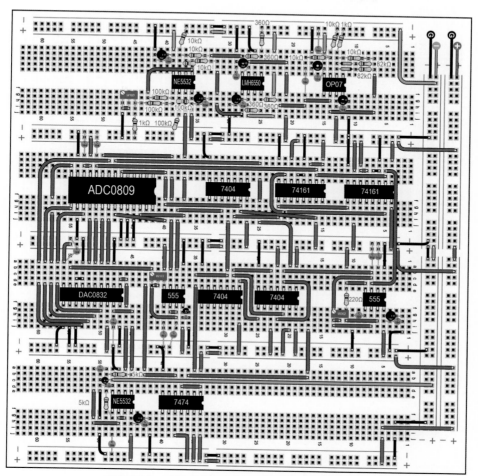

图 5-5-22　信号采集与还原系统面包板整体布局图

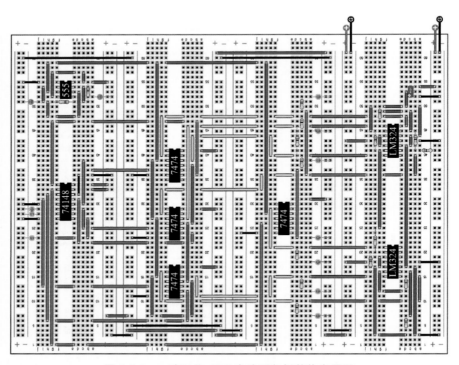

图 5-6-2　一路三位 ADC 电路面包板整体布局图

教育部高等学校电子信息类专业教学指导委员会规划教材
高等学校电子信息类专业系列教材·新形态教材

电子技术实验与综合设计

马知远　主编

朱旭芳　范越　吴苏　宋子轩　副主编

清华大学出版社

北京

内 容 简 介

本书是"电子技术基础"课程的配套实验教材,主要内容包括电子技术实验基础知识、仪器仪表、模拟电子技术基础实验、数字电子技术基础实验、电子技术综合设计实验五部分。主要实验项目包括电子系统组装与调试、晶体管共射极放大电路、运算放大电路、有源滤波电路、RC正弦波振荡电路、集成逻辑门电路、中规模组合逻辑电路、触发器及其应用电路、中规模时序逻辑电路、555定时器的应用电路等基本单元电路,以及拓展实验和电子技术综合设计实验等。

本书可作为高等学校电子信息类专业本专科学生"电子技术基础"(模拟、数字)课程的实验教材,也可供相关领域的维修保障人员参考使用。

图书在版编目(CIP)数据

电子技术实验与综合设计/马知远主编. —北京:清华大学出版社,2024.1(2025.1重印)
高等学校电子信息类专业系列教材. 新形态教材
ISBN 978-7-302-65188-8

Ⅰ. ①电… Ⅱ. ①马… Ⅲ. ①电子技术－实验－高等学校－教材 Ⅳ. ①TN-33

中国国家版本馆 CIP 数据核字(2024)第 006460 号

责任编辑:文 怡
封面设计:刘 键
责任校对:王勤勤
责任印制:宋 林

出版发行:清华大学出版社
　　　　网　　址:https://www.tup.com.cn,https://www.wqxuetang.com
　　　　地　　址:北京清华大学学研大厦 A 座　　　　邮　　编:100084
　　　　社 总 机:010-83470000　　　　邮　　购:010-62786544
　　　　投稿与读者服务:010-62776969,c-service@tup.tsinghua.edu.cn
　　　　质量反馈:010-62772015,zhiliang@tup.tsinghua.edu.cn
　　　　课件下载:https://www.tup.com.cn,010-83470236
印 装 者:三河市龙大印装有限公司
经　销:全国新华书店
开　　本:185mm×260mm　　印　张:14.5　　彩　插:6　　字　　数:371 千字
版　　次:2024 年 1 月第 1 版　　　　　　　　　　　　印　　次:2025 年 1 月第 2 次印刷
印　　数:1501～2500
定　　价:59.00 元

产品编号:101974-02

前 言
FOREWORD

　　电子技术类课程是介于公共基础课程与学科专业课程之间的重要环节,其配套实验是从理论分析转向工程应用的重要节点,通过课程实验可以帮助学生更熟练地掌握电子技术基础知识和应用技能。本书结合高校专业设置特点和实验设备的具体情况,在长期教学实践的基础上编写而成,融入了先进教学理念和多年电子技术实践教学研究成果,以期满足线上线下混合式电子技术实验教学。

　　本书紧贴现代电子设备发展需求,以基本理论和典型电路为基础,突出工程实践和创新能力培养。学生可通过课程学习打下扎实理论基础、锻造过硬实践本领,对电子设备电路会读图、会算指标、会选器件、会用电路、会设计调试系统,初步具备运用、测试及维修能力。本书非常重视学生的实验课前预习工作,配备了大量的与本次实验密切相关的预习思考题及仿真电路,为教师检查学生的预习情况提供了平台。本书还设计了较多与理论学习难点有关的基础性实验项目,并在每个实验前面配以详细的理论介绍,使学生在理论指导下动手实践。整个实验基于基本电子元器件在面包板上搭建实际电路开展,注重在实践中提高学生分析问题、解决问题的能力,重视实验教学过程的启发性。在每个实验后配备了对关键数据分析的系列问题,引导学生通过实践总结重要理论概念,启发学生对实验数据开展有针对性的分析讨论,得到实验期望的效果,使理论知识学习得更加透彻。为提升课程的高阶性及复杂度,在完成基本实验的基础上,每章均配备了相应的拓展实验(DIY 实验),内容来自实际应用电路的某一单元,提升了实验项目的趣味性和工程性,供学有余力的学生选学使用。本书最大的创新之处在于针对线上线下混合式教学模式,利用实验室智能互联实验系统,改革了实验报告的提交形式,全过程记录学生的实验过程数据,帮助教师更好地完成学情分析和量化管理。同时,本书还提供了面包板参考电路、实验参考视频,以进一步提升学生的学习效率。

　　本书共 5 章,第 1 章是电子技术实验基础知识,主要包括电子技术实验中常用的电子元器件的焊接、测试、故障诊断等方法,由朱同宝编写。第 2 章是仪器仪表,包括示波器、信号源、直流稳压电源及万用表等,由胡秋月编写。第 3 章为模拟电子技术基础实验,包括 6 个基础实验和 6 个拓展实验,由朱同宝、胡秋月、秦金果、彭丹、郭月婷、刘娣共同完成。第 4 章为数字电子技术基础实验,包括 5 个基础实验和 5 个拓展实验,由宋子轩、王肖君和陈中杰共同完成。第 5 章为电子技术综合设计实验,包括 6 个模拟和数字电路综合实验,由马知远、范越、吴苏、宋子轩、朱旭芳共同完成。附录包括电子设计仿真软件使用、智能互联实验管理系统使用方法等,由宋子轩和胡秋月编写。马知远负责全书总体架构制定、实验项目设计及全书统稿审核,宋子轩负责全书图文编辑及校对工作。海军工程大学刘涛、王平波、陈旗老师,华中科技大学徐慧平老师,华中师范大学杨苹老师,清华大学出版社文怡编辑对本书的出版提出了很多宝贵建议,在此一并表示感谢。

在本书的编写过程中,参考了电子技术基础、电路仿真、仪器仪表、软件使用及电器维修等方面的教材和相关论述,吸收了许多同行专家的观点和示例,书后所附参考文献是本书重点参考的内容。在此特向本书引用和参考教材、文章、视频和软件的编者和作者表示诚挚的谢意。

由于编者学术水平和教学经验有限,书中难免存在不妥和错误,敬请各位专家和读者批评指正,以便我们进一步完善改进。

编　者

2024 年 1 月于武汉

目 录
CONTENTS

教学大纲＋课件

第1章
CHAPTER 1

电子技术实验基础知识

1.1 常用电子元器件

1.1.1 面包板

面包板是一种多用途的万用实验板，可以将小功率的常规电子元器件直接插入，搭建出各式各样的实验电路，由于元器件可以反复插接、重复使用，便于电路调试、元件调换，因此，面包板非常适合初学电子技术的用户使用。为方便初学者使用，这里主要介绍 120 线面包板，外观正面如图 1-1-1 所示。

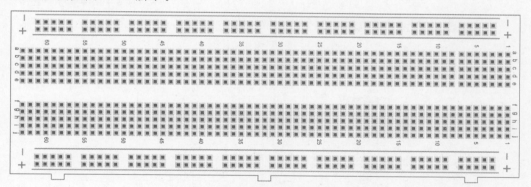

图 1-1-1　面包板外观正面

图 1-1-2 是该面包板的内部连线关系的示意图。将实验板水平方向放置，板上最上端和最下端各有两排插孔，分别标注为"一""＋"。各排互相不连通，每排 10 组，每组各 5 个插孔。这 10 组插孔连通在一起。"一"排一般用作电源的负极（地），"＋"排一般用作电源的正极。

板上其余各组连接方式都与图 1-1-2 一致，即左侧标有"a、b、c、d、e"的各孔在垂直方向上是连通的，标有"f、g、h、i、j"的各孔在垂直方向上也是连通的。以上各组每组均有 5 个孔，在水平方向上上均不连通。板上标有"1,5,…,60"字样是各组从右到左的顺序编号，上、下各有 60 组，总计 120 组（线）。这也就是 120 线面包板名称的来源。

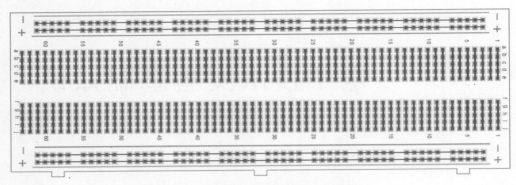

图 1-1-2　面包板内部连线关系的示意图

1.1.2　电阻

1. 固定电阻

固定电阻是电路中使用最广泛的元件。电阻的种类很多,常见的有碳膜电阻、金属膜电阻、线绕电阻、水泥电阻、贴片电阻等。

$$R_1$$
$$1k\Omega$$

图 1-1-3　普通固定电阻的电路符号

图 1-1-3 是普通固定电阻的电路符号。从图中可以看出,电阻有两个引脚,不区分正负极性,用大写字母 R 表示,R 右下方的数字表示该电阻在电路中的编号,$1k\Omega$ 表示该电阻的阻值。

小功率的电阻一般都用色环表示阻值和误差,常见的有四色环和五色环两种表示方法。图 1-1-4 列出了色环电阻各道色环的具体含义。

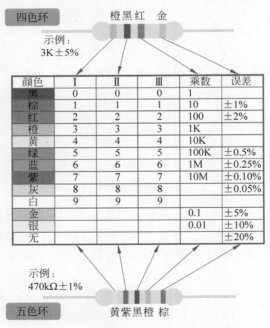

颜色	I	II	III	乘数	误差
黑	0	0	0	1	
棕	1	1	1	10	±1%
红	2	2	2	100	±2%
橙	3	3	3	1K	
黄	4	4	4	10K	
绿	5	5	5	100K	±0.5%
蓝	6	6	6	1M	±0.25%
紫	7	7	7	10M	±0.10%
灰	8	8	8		±0.05%
白	9	9	9		
金				0.1	±5%
银				0.01	±10%
无					±20%

图 1-1-4　色环电阻读取方法(见彩插)

从图 1-1-4 可以看出,在四色环电阻中,前两道色环表示有效位,第三道色环表示乘数,第四道色环表示允许的误差范围,阻值的单位为 Ω(欧姆)。比如某个电阻,其色环分别是

"橙、黑、红、金",表示数字为"3,0,100",就是3000Ω,常用3K表示,其阻值误差为±5%。

图1-1-4也列出了五色环电阻各道色环的具体含义。可以看出,五色环和四色环的区别就在于有效位数不同,五色环有3位有效数字,因此,五色环的电阻拥有更高的精度。

2. 可变电阻

可变电阻也称滑动变阻器、电位器,顾名思义,这种电阻器的阻值可以在一定范围内调整,在一些要求电阻阻值可以调整的电路中,经常会使用到这种电阻。

可变电阻电路符号如图1-1-5所示,用R_p表示。可变电阻的样式、规格有很多,常见的可变电阻如图1-1-6所示,它的引脚垂直向下,顶部有电阻调节口,可以用一字螺丝刀调整阻值。

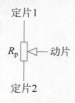

图1-1-5 可变电阻电路符号　　　　　图1-1-6 常见的可变电阻

它有3个引脚,左、右两端引脚内部连接的是定片,这两个引脚之间的阻值是固定不变的,中间的引脚在内部连接的是动片,也就是符号中带箭头的部分,它是可以左右转动的,当用一字螺丝刀伸入电阻调节口中转动时,动片上的触点在可变电阻内部的膜式电阻片上进行滑动。当动片沿顺时针方向旋转时,相当于图1-1-5中的动片向下滑动,定片1与动片之间的阻值增大,动片与定片2之间的阻值减小,当动片滑至最右边的位置时,等同于图1-1-5中动片移至最下端时,定片1与动片之间的阻值为最大值,等于标称值,动片与定片2之间的阻值等于0。当动片沿逆时针方向旋转时,阻值的变化与上述情形相反。

可变电阻的标称值是其两个固定引脚之间的阻值,一般直接标示在可变电阻上,用3位数字表示,前两位表示为有效位,第三位是表示乘以10的N次方。如某个可变电阻标识为"103",则标称阻值为$10 \times 10^3 = 10k\Omega$。

3. 光敏电阻

光敏电阻是阻值可以随光线照射的强弱变化而变化的一种器件,当光线照射强时,呈现的阻值小,光线照射弱时,阻值大。光敏电阻外观如图1-1-7所示。光敏电阻有两个引脚,且不区分极性。电路符号如图1-1-8所示,用RG表示,其中R表示电阻,G表示阻值与光相关。

图1-1-7 光敏电阻外观　　　　　图1-1-8 光敏电阻电路符号

1.1.3 电容

电容是电子电路中的一类重要元件。"通交流,隔直流"是电容的重要特性。它能随交流信号的不同频率而改变容抗大小。电容的标准单位是 F（法拉），$1F = 10^6 \mu F$（微法）$= 10^{12} pF$（皮法）。

电容的规格、种类很多，这里以有无正负极对电容进行介绍。

1. 无极性电容

无极性电容是无正负极之分的电容。常见无极性电容有瓷片电容（元片电容）、独石电容、云母电容等，如图 1-1-9 所示，电路符号如图 1-1-10 所示，用字母 C 表示。无极性电容体积小，价格低，高频特性好，但容量较小，大多在 $1\mu F$ 以下。

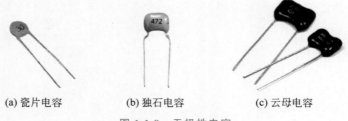

(a) 瓷片电容　　　　(b) 独石电容　　　　(c) 云母电容

图 1-1-9　无极性电容

图 1-1-10　无极性电容电路符号

无极性电容目前多采用 3 位数字表示其容量。其中前两位表示为有效数字，第 3 位表示"乘以 10 的 N 次方"，单位为 pF（皮法），常简化为"p"。若某电容上印有"103"字样，则它表示为 10000，单位 pF，即 $0.01\mu F$。对于 100pF 以下容量的电容，一般仅用两位数字标示容量，省略了第 3 位数字。如某电容上印有"30"，就表示其容量为 30pF。

电容工作时有耐压的要求，必须在低于额定电压下工作使用，并应留有余量。高耐压的瓷片电容会在元器件上直接印制耐压值，普通瓷片电容往往并不标注耐压值，仅在包装袋内附有标签说明。普通瓷片电容耐压值多为 50V。

2. 有极性电容

有极性电容是有正负极之分的电容。常见的有极性电容有铝电解电容、钽电解电容等，如图 1-1-11 所示为铝电解电容，电路符号如图 1-1-12 所示，用字母 C 表示。

图 1-1-11　铝电解电容 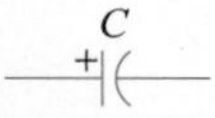　　　　图 1-1-12　有极性电容电路符号

与前面介绍的无极性电容符号相比，有极性电容的符号上多了一个"＋"，表明该电容是有极性的，带"＋"的一端是正极，另一端是负极。相比于无极性电容，有极性电容的容量一般会比较大，其电容容量和耐压值会直接印制在外壳上面。

有极性电容有两个引脚，通常是一长一短，长引脚的是正极，短引脚的是负极。同时对于铝电解电容，在负极引脚的外壳一侧还印有"－"标记。而对于贴片钽电容，有标记（一横线）的一端是正极，另一端是负极，如图 1-1-13 所示。

图 1-1-13　贴片钽电容

1.1.4 电感

电感实际上是一个线圈,可以是空心的,也可以绕制在某些磁性材料上,"通直流,阻交流"是其重要的特性,可用于扼制交流、电压变换、阻抗匹配,也可以与电容组合,对特定频率的信号进行选择。图 1-1-14 是电感电路符号,单位是亨利(H)。

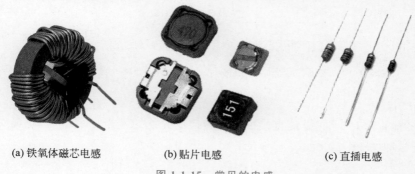

(a) 空心电感器　(b) 磁芯、铁芯电感器

图 1-1-14 电感电路符号

常见的电感就是漆包线在铁氧体磁芯上绕几匝而成,如图 1-1-15(a)所示。也有绕线后封装的贴片电感和直插电感,如图 1-1-15(b)、图 1-1-15(c)所示。

(a) 铁氧体磁芯电感　　　(b) 贴片电感　　　(c) 直插电感

图 1-1-15 常见的电感

常见的电感目前多采用 3 位数字表示其容量。其中前两位表示为有效数字,第 3 位表示"乘以 10 的 N 次方",单位为 μH(微亨),如电感上印有"221"字样,就表示 $22 \times 10^1 = 220$,单位 μH。与电阻类似,具有色环指示的电感可以通过色环颜色来确定电感大小,如图 1-1-16 所示。

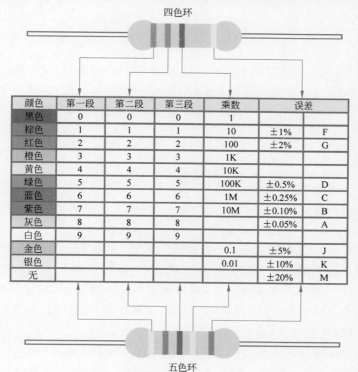

四色环

颜色	第一段	第二段	第三段	乘数	误差	
黑色	0	0	0	1		
棕色	1	1	1	10	±1%	F
红色	2	2	2	100	±2%	G
橙色	3	3	3	1K		
黄色	4	4	4	10K		
绿色	5	5	5	100K	±0.5%	D
蓝色	6	6	6	1M	±0.25%	C
紫色	7	7	7	10M	±0.10%	B
灰色	8	8	8		±0.05%	A
白色	9	9	9			
金色				0.1	±5%	J
银色				0.01	±10%	K
无					±20%	M

五色环

图 1-1-16 色环电感读取方法(见彩插)

彩图

1.1.5 二极管

1. 普通二极管

二极管是电子电路中比较常用的电子元器件。如图 1-1-17 所示,它是一个 PN 结,接出相应的电极引线,再加上一个管壳密封而成的,电路符号如图 1-1-18 所示,一般用字母 D 表示。二极管具有单向导电性,利用这个特性可以构成许多二极管应用电路,如整流电路、限幅电路、开关电路等。

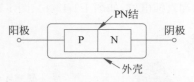

图 1-1-17 普通二极管内部结构　　　图 1-1-18 普通二极管电路符号

2. 发光二极管

发光二极管简称 LED,它是能直接把电能转换成光能的发光显示器件,外观如图 1-1-19 所示,电路符号如图 1-1-20 所示。

图 1-1-19 发光二极管　　　　　图 1-1-20 发光二极管电路符号

使用不同的材料,可以制造出不同颜色的发光二极管,通常有红色、黄色、绿色等颜色的发光二极管。不同颜色的发光二极管的正向工作电压也有所不同,如表 1-1-1 所示。

表 1-1-1 常用颜色的发光二极管的正向工作电压

颜　　　色	红	黄	绿	蓝	紫
正向工作电压典型值/V	1.63～2.03	2.1～2.18	2.1～4	2.48～3.7	2.76～4

发光二极管有两个引脚,其中长引脚的是正极,短引脚的是负极。同时也通过万用表来判断发光二极管正负极。

3. 齐纳二极管

齐纳二极管又称稳压二极管,简称稳压管,是一种用特殊工艺制造的面结型硅半导体二极管,电路符号如图 1-1-21 所示。IN4742 是稳压二极管的一种,其外观如图 1-1-22 所示,玻璃圆柱有黑边的一侧为负极,另一侧为正极。稳压管的稳压作用表现为在反向击穿状态下,电流在较大范围变化时,电压变化却很小。

图 1-1-21 稳压管电路符号

稳压管常用于产生基准电压或做直流稳压电源。图 1-1-23 为一简单稳压电路,当电源电压 V_i 产生波动或负载电阻 R_L 在一定范围内变化时,由于稳压管的稳压作用,负载上的

电压 V_0 将基本保持不变。

图 1-1-22 IN4742 稳压管

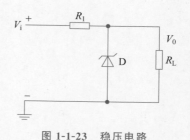

图 1-1-23 稳压电路

4. 肖特基二极管

肖特基二极管是利用金属与 N 型半导体接触,在交界面形成势垒的二极管。SB560 是肖特基二极管的一种,外观如图 1-1-24 所示,而电路符号如图 1-1-25 所示,圆柱有白边的一侧为负极,另一侧为正极。与一般二极管相比,肖特基二极管有两个重要特点。

(1)电容效应非常小,工作速度非常快,特别适合于高频或开关状态应用。

(2)正向导通阈值电压和正向压降都比硅 PN 结二极管低(约低 0.2V),反向击穿电压也比较低。

图 1-1-24 肖特基二极管(SB560)

图 1-1-25 肖特基二极管电路符号

1.1.6 三极管

半导体三极管常简称为三极管或者晶体管,它内部含有两个 PN 结,外部有 3 个引脚,分别为基极(用字母 b 或 B 表示)、集电极(用字母 c 或 C 表示)、发射极(用字母 e 或 E 表示)。三极管的主要功能就是放大电信号。不过在电子电路中,三极管的作用不仅局限于放大,还可以用于信号开关、控制、处理等多种用途。

三极管按极性分为 NPN 和 PNP 两类。电路符号如图 1-1-26 所示,用字母 V 表示。NPN 型和 PNP 型三极管可以用硅材料制造,也可以用锗材料制造。市面上,NPN 型三极管多为硅管,PNP 型三极管多为锗管。

常见的三极管是 90** 系列的小功率三极管,实物外形和引脚排列如图 1-1-27 所示,有 9011～9018 等型号,每个型号均有对应的适用用途,此外,常见的还有 8550(PNP)和 8050(NPN)两种型号。

注意,绝大多数厂家生产的 90** 系列三极管引脚排列如图 1-1-27 所示,即将三极管印有型号的平面面向自己,从左到右,引脚分别是 E、B、C。但是还有很多型号的三极管,引脚排列顺序并不一定相同。具体到某种型号的三极管,最好查阅相关资料或者通过实测来确定引脚排列顺序。

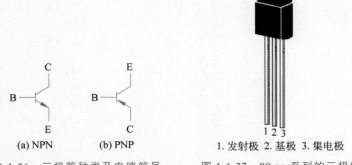

(a) NPN   (b) PNP   1. 发射极 2. 基极 3. 集电极

图 1-1-26 三极管种类及电路符号   图 1-1-27 90 ** 系列的三极管

1.1.7 场效应管

场效应晶体管简称场效应管,是一种用电压控制电流大小的器件,既利用电场效应来控制管子的电流,也是一种带有 PN 结的新型半导体。场效应管的品种有很多,按其结构可分两大类,一类是结型场效应管,另一类是绝缘栅型(MOS)场效应管,而且每种结构又有 N 沟道和 P 沟道两种导电沟道。电路符号如图 1-1-28 所示,一般用字母 Q 表示,外形与三极管类似。

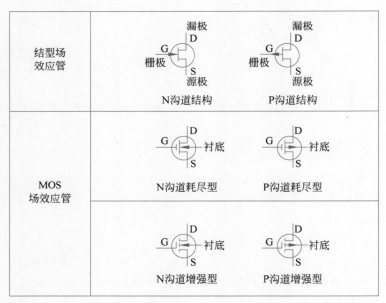

图 1-1-28 场效应管电路符号

场效应管具有输入电阻高、噪声小、功耗低、动态范围大、易于集成、没有二次击穿现象、安全工作区宽等优点,特别适用于大规模集成电路,在高频、中频、低频、直流、开关及阻抗变换电路中应用广泛。

1.1.8 继电器

继电器是自动控制电路中的一种常用器件,种类、规格非常多,常见的是电磁继电器。其内部有电磁线圈,中间有电磁铁作为铁芯。只要将被控设备的电路连接在继电器相应的触点开关上,就能实现通过继电器来控制设备开关的目的。

继电器的线圈有交流、直流之分,我们实验常用的继电器是直流的,外观如图 1-1-29 所示,电路符号如图 1-1-30 所示,用字母来表示。继电器的外壳一般印刻有继电器的额定电压、额定电流等相关参数,使用时不能超过额定电流,还应留有余量,否则可能导致被控设备失控。

图 1-1-29 继电器外观

图 1-1-30 继电器电路符号

1.1.9 晶闸管

晶闸管是晶体闸流管的简称,也可称为可控硅整流器,俗称可控硅,在电路图中一般用字母"VS"加数字表示。晶闸管具有硅整流器件的特性,可以在高电压、大电流下正常工作,而且控制其工作过程,可用于可控整流、无触点电子开关、交流调压、逆变及变频等电路中,是小电流控制大电流的典型元器件。

电路中应用最多是单向晶闸管和双向晶闸管,区别在于单向晶闸管只能控制直流负载,而双向晶闸管还能控制交流负载,常见晶闸管的电路符号如图 1-1-31 所示,外观如图 1-1-32 所示。

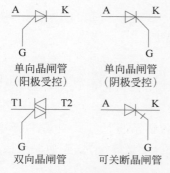

图 1-1-31 常见晶闸管的电路符号

图 1-1-32 常见晶闸管外观

1.1.10 集成电路

集成电路是一种微型电子器件或部件。将电路中主要或全部元件和布线都集成在一个介质基片上,然后封装一个管壳内,成为具有一定功能的微型电路,这样的电路称为集成电路,用字母"IC"表示。集成电路使得电路向着微型化、低功耗和高可靠性方面迈进了一大步。如图 1-1-33 所示是常见的集成电路。

图 1-1-33　常见的集成电路

1.2　电路焊接组装技术

1.2.1　直插式元器件的焊接

1. 元器件准备

第一步,用砂纸将所有元器件引脚上的漆膜、氧化膜清除干净。

第二步,根据元器件焊接位置的大小,选择不同的方式用镊子对电阻、二极管弯脚。如图 1-2-1 所示,如果焊接位置足够,可以选择卧式插法,将元器件的两个引脚都进行弯折;如果焊接位置不足,可以选择立式插法,只需对元器件的一个引脚进行弯折。注意,弯折的位置到元器件根部的引线应保留 1~2mm。

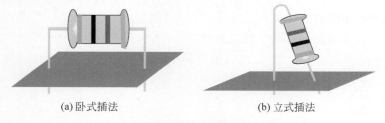

(a)卧式插法　　　　　　　　　　　(b) 立式插法

图 1-2-1　焊接插法

2. 元器件焊接

焊接时左手拿锡丝,右手拿电烙铁。在烙铁接触焊点的同时送上焊锡,焊锡的量要适量,太多易引起搭焊短路,太少元件又不牢固,如图 1-2-2 所示。

焊接的时间一般不超过 3s,时间过长会使电路板铜箔翘起,损坏电路板及电子元器件。焊接时不可将烙铁头在焊点上来回移动或用力下压,要想焊得快,应加大烙铁和焊点的接触面。

注意,温度过低,烙铁头与焊接点接触时间太短,热量供应不足,焊点锡面不光滑,结晶粗脆,像豆腐渣一样,那就不牢固,形成虚焊和假焊。反之焊锡易流散,使焊点锡量不足,也容易不牢,还可能出现烫坏电子元件及电路板。总之焊锡量要适中,即使焊点元件脚全部浸没,其轮廓也隐约可见,如图 1-2-3 所示。

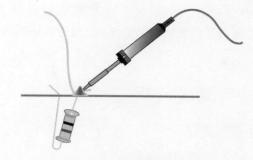

图 1-2-2 直插式元器件焊接

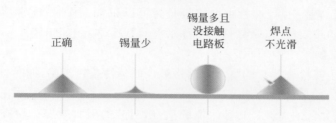

图 1-2-3 焊点的形状

　　焊点焊好后,拿开烙铁,焊锡还不会立即凝固,应稍停片刻等焊锡凝固,如未凝固前移动焊接件,焊锡会凝成砂状,造成附着不牢固而引起假焊。

　　焊接结束后,首先检查一下有没有漏焊、搭焊及虚焊等现象。虚焊是比较难以发现的毛病。造成虚焊的因素很多,检查时可用镊子或尖头钳将每个元件轻轻地拉一下,看看是否摇动,发现摇动应重新焊接。

　　最后完成焊接后,应将电烙铁放在烙铁架上,接着关闭开关,及时切断电源,待烙铁头冷却后再收回。注意别被余温灼伤。

1.2.2 贴片元器件的焊接

　　先在焊盘位置均匀地涂上一层薄焊锡,再将焊锡均匀地涂在烙铁头上。然后用镊子夹着需焊接的元器件,放在焊盘位置,引脚一定要放准。用带焊锡的烙铁头接触焊点,当焊锡浸没焊点后,慢慢上拉电烙铁,如图 1-2-4 所示。

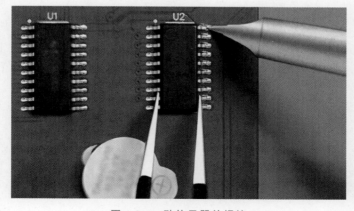

图 1-2-4 贴片元器件焊接

按照上述步骤完成全部焊接后,检查是否有漏焊、搭焊及虚焊等现象,如出现应重新焊接。最后,电路板上残余的污渍还需用酒精清洗干净,因为碳化后的焊锡会影响电路的正常工作。

1.3 电路调试与故障分析

1.3.1 电子电路的调试

一、通电前检测

当一个电路板焊接完后,在检查电路板是否可以正常工作时,通常不直接给电路板供电,而是要按下面的步骤进行,确保每一步都没有问题后再上电也不迟。

1. 连线是否正确

检查原理图,主要检查芯片的电源和网络节点的标注是否正确,同时也要注意网络节点是否有重叠的现象,这是检查的重点。

另一个重点是元件的封装。封装采取的型号,封装的引脚顺序。检查连线,包括错线、少线和多线。查线的方法通常有两种。

(1)按照电路图检查安装的线路,根据电路连线,按照一定的顺序逐一检查安装好的线路。

(2)按照实际线路对照原理图进行,以元件为中心进行查线。把每个元件引脚的连线查清,检查每个去处在电路图上是否存在。

为了防止出错,对于已查过的线通常应在电路图上做出标记,用万用表欧姆挡的蜂鸣器测试,直接测量元器件引脚,这样可以同时发现接线不良的地方。

2. 元器件安装情况

引脚之间是否有短路,连接处有无接触不良,可以使用万用表的二极管挡检测,表笔在电路板上滑行检测。

二极管、三极管、集成器件和电解电容极性等是否连接有误。

电源接口是否有短路现象。如果电源短路,会造成电源烧坏,有时会造成更严重的后果。用万用表测量一下电源的输入阻抗,这是必需的步骤。通电前,断开一根电源线,用万用表检查电源端对地是否存在短路。

在设计时电源部分可以使用一个 0Ω 的电阻作为调试方法,上电前先不要焊接电阻,检查电源的电压正常后再将电阻焊接在 PCB(图 1-3-1)上给后面的单元供电,以免造成上电时由于电源的电压不正常而烧毁后面单元的芯片。电路设计中增加保护电路,如使用恢复保险丝等元件。

主要检查有极性的元器件,如发光二极管、电解电容、整流二极管等,以及三极管的引脚是否对应。

先做开路、短路测试,以保证上电后不会出现短路现象。如果测试点设置好,可以事半功倍。0Ω 电阻的使用有时也有利于高速电路测试。

做完以上未通电检测后,才能开始通电检测。

图 1-3-1　PCB 电路

二、通电检测

1. 通电观察

通电后不要急于测量电路参数,而要观察电路有无异常现象,例如有无冒烟现象,有无异常气味,手摸集成电路外封装,是否发烫等。

如果出现异常现象,应立即关断电源,待排除故障后再通电。

2. 静态调试

静态调试一般是指在不加输入信号,或只加固定的电平信号的条件下所进行的直流测试,可用万用表测出电路中各点的电位。

通过和理论估算值比较,结合电路原理的分析,判断电路直流工作状态是否正常,及时发现电路中已损坏或处于临界工作状态的元器件。通过更换器件或调整电路参数,使电路直流工作状态符合设计要求。

3. 动态调试

动态调试是在静态调试的基础上进行的,在电路的输入端加入合适的信号,按信号的流向,顺序检测各测试点的输出信号,若发现不正常现象,应分析其原因,并排除故障,再进行调试,直到满足要求。

测试过程中不能凭感觉和印象,要始终借助仪器观察。使用示波器时,把示波器的信号输入方式置于"DC"挡,通过直流耦合方式,可同时观察被测信号的交、直流成分。

通过调试,检查功能块和整机的各种指标(如信号的幅值、波形形状、相位关系、增益、输入阻抗和输出阻抗等)是否满足设计要求,如必要,再进一步对电路参数提出合理的修正。

1.3.2　电子电路的故障分析

要认真查找故障原因,切不可一遇故障解决不了就拆掉线路重新安装。因为重新安装的线路仍可能存在各种问题,如果是原理上的问题,即使重新安装也解决不了问题。我们应当把查找故障,分析故障原因,视为好的学习机会,通过它来不断提高自己分析问题和解决问题的能力。

一、故障检查思路

对于一个复杂的系统来说,要在大量的元器件和线路中准确地找出故障是不容易的。一般故障诊断过程,是从故障现象出发,通过反复测试,做出分析判断,逐步找出故障。

二、故障现象和产生故障的原因

常见的故障现象包括放大电路没有输入信号,而有输出波形;放大电路有输入信号,但没有输出波形,或者波形异常;串联稳压电源无电压输出,或输出电压过高而不能调整,或输出稳压性能变坏、输出电压不稳等;振荡电路不产生振荡,计数器波形不稳,等等。

定型产品使用一段时间后出故障,原因可能是元件损坏,连线发生短路和断路,或者条件发生变化。

三、检查故障一般方法

1. 直接观察法

检查仪器的选用和使用是否正确,电源电压的等级和极性是否符合要求;极性元件引脚是否连接正确,有无接错、漏接和互碰等情况;布线是否合理;印制板是否短线断线,电阻电容有无烧焦和炸裂等。通电观察元器件有无发烫、冒烟,变压器有无焦味,电子管、示波管灯丝是否亮,有无高压打火等。

2. 用万用表检查静态工作点

电子电路的供电系统、半导体三极管、集成块的直流工作状态(包括元器件引脚、电源电压)、线路中的电阻值等都可用万用表测定。当测得值与正常值相差较大时,经过分析可找到故障。

顺便指出,静态工作点也可以用示波器"DC"输入方式测定。用示波器的优点是内阻高,能同时看到直流工作状态和被测点上的信号波形以及可能存在的干扰信号及噪声电压等,更有利于分析故障。

3. 信号寻迹法

对于各种较复杂的电路,可在输入端接入一个一定幅值、适当频率的信号(例如,对于多级放大器,可在其输入端接入 $f=1\text{kHz}$ 的正弦信号),用示波器由前级到后级(或者相反),逐级观察波形及幅值的变化情况,若异常,则故障就在该级。这是深入检查电路的方法。

4. 对比法

怀疑某一电路存在问题时,可将此电路的参数与工作状态相同的正常电路的参数(或理论分析的电流、电压、波形等)进行一一对比,从中找出电路中的不正常情况,进而分析故障原因,判断故障点。

5. 部件替换法

有时故障比较隐蔽,不能一眼看出,若这时手头有与故障仪器同型号的仪器,可以将仪器中的部件、元器件、插件板等替换有故障仪器中的相应部分,以便缩小故障范围,进一步查找故障。

6. 旁路法

当有寄生振荡现象时,可以利用适当量的电容器,选择适当的检查点,将电容临时跨接在检查点与参考接地点之间,如果振荡消失,就表明振荡产生在此附近或前级电路中。否则就在后面,再移动检查点寻找之。应该指出的是,旁路电容要适当,不宜过大,只要能较好地消除有害信号即可。

7. 短路法

短路法就是采取临时性短接一部分电路来寻找故障。短路法对检查断路性故障有效,但要注意对电源(电路)不能采用短路法。

8. 断路法

断路法用于检查短路故障有效。断路法也是一种使故障怀疑点逐步缩小范围的方法。例如,某稳压电源因接入一带有故障的电路,使输出电流过大,我们采取依次断开电路的某一支路的办法来检查故障。若断开该支路后,电流恢复正常,则故障就发生在此支路。

实际调试时。寻找故障原因的方法多种多样,以上仅列举了几种常用的方法。可根据设备条件,故障情况灵活掌握这些方法,对于简单的故障用一种方法即可查找出故障点,但对于较复杂的故障则需采取多种方法互相补充、互相配合,才能找出故障点。

在一般情况下,寻找故障的常规做法是:先用直接观察法,排除明显的故障,再用万用表(或示波器)检查静态工作点。信号寻迹法是对各种电路普遍适用且简单直观的方法,在故障分析中广为应用。

<table>
<tr><td>第 2 章
CHAPTER 2</td><td># 仪 器 仪 表</td></tr>
</table>

2.1 双显测量万用表

万用表是万用电表的总称,其中包含了伏特表、安培表和欧姆表的功能。普通万用表只能用于测量电阻、电压、电流等,随着多功能万用表的出现,万用表还增加了三极管放大系数测量、大电流测量、短路测试、电容测试等功能,甚至有的万用表还增加了温度测量、电感测量、频率测量等多种功能。

现在的万用表可以分为手持式和台式两大类,手持式万用表小巧轻便、便于携带,而台式万用表测量精度高,并可实现多种复杂功能,适用于生产测试、研发、实验教学等场合。本节以双显测量万用表 GDM-8352 为例介绍台式万用表的使用方法。

2.1.1 基本功能

GDM-8352 除具有基本测量功能,如 AC/DC 电压测量、AC/DC 电流测量、AC+DC 电压/电流测量、2 线/4 线制电阻测量、频率测量、温度测量、短路蜂鸣/二极管测试和电容测量外,还具有许多辅助功能,包括最大值/最小值测量、衰减测量、功率测量、相对值测量、读值保持、比较测量、算术运算(MX+B、1/X、%)等,能够满足各种生产测试、实验教学和检验等场合的测量需求。GDM-8352 面板如图 2-1-1 所示,面板功能如表 2-1-1 所示。

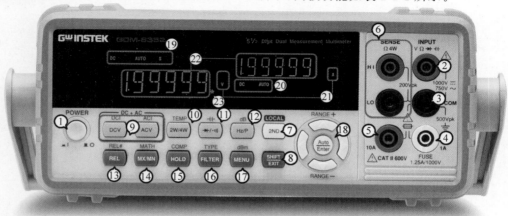

图 2-1-1　GDM-8352 面板

表 2-1-1　GDM-8352 面板功能介绍

图中标号	名　称	功 能 介 绍
①	POWER	开机■ 或关机■
②	V Ω � 插孔	此端口用于除 DC/AC 电流测量以外的所有测量
③	COM 插孔	接地（COM）线,与地之间的最大耐压为 500Vpk
④	1A 插孔	用于 1A 以下的电流测量,额定值为 1.25A,1000V
⑤	10A 插孔	用于 1A 以上的电流测量
⑥	4W 电阻测量插孔	连接 HI 传感线、连接 LO 传感线
⑦	2ND/LOCAL	次功能键,选择次屏的测量项目
⑧	SHIFT/EXIT	SHIFT：用于选择次功能,与测量键一起使用 EXIT：退出菜单系统
⑨	DCV	测量直流电压 同时按 SHIFT+DCV,测量直流电流
	ACV	测量交流电压 同时按 SHIFT+ACV,测量交流电流
	同时按 DCV+ACV,测交直流电压；同时按 SHIFT+DCV+ACV,测交直流电流	
⑩	2W/4W	测量电阻 同时按 SHIFT+2W/4W,测量温度
⑪	➡/·»)	根据所选的模式测量二极管或连续性 同时按 SHIFT+➡/·»),测量电容
⑫	Hz/P	根据所选模式,测量信号的频率或周期 同时按 SHIFT+Hz/P,测量 dB
⑬	REL	测量相对值
⑭	MX/MN	测量最大值或最小值 同时按 SHIFT+MX/MN,进入运算测量模式,支持 MX+B、REF%、1/X 等数学计算功能
⑮	HOLD	保持当前测量数据 同时按 SHIFT+HOLD,开启比较测量功能
⑯	FILTER	开启或关闭数字滤波器 同时按 SHIFT+FILTER,设置滤波器
⑰	MENU	按 MENU 进入设置菜单进行系统设置、测量设置、温度测量设置、I/O 设置、终端字符设置和固件安装 同时按 SHIFT+MENU,测量功率
⑱	AUTO/ENTER	AUTO：自动设置到合适的测量挡位 ENTER：确认已输入值或测量项
	Range	可用于浏览菜单系统和编辑数值。上下键可设置电流和电压的测量挡位。左右键可切换刷新率,快、中和慢速(F、M、S)。刷新率定义了数字万用表捕捉和更新测量数据的频率,频率越快精度越低,频率越慢精度越高
⑲	主测量功能图标	显示主测量功能、量程、刷新速度
⑳	第 2 测量功能图标	显示第 2 测量功能、量程
㉑	测量单位	显示测量单位,包括 V、mV、A、mA、Ω 等
㉒	测量结果	显示测量读数
㉓	读值指示符	挨着主显示屏,闪烁快慢与刷新频率有关

2.1.2 主要技术指标

显示：使用 VFD 双显示屏、可显示 199 999 位数。

测量：支持双显测量，每个测量结果将同时显示在不同屏幕上。

直流电压基本精确度：0.012%。

电流测量范围：0～10A。

电压测量范围：0～1000V。

频率测量范围：（电压）10Hz～1MHz,（电流）20Hz～10kHz。

测量速度：3 种速度可选（慢速/中速/快速），在快速模式时，DC 电压测量可达到 320 读值/秒。

12 种测量功能：AC/DC 电压、AC/DC 电流、AC＋DC 电压/电流、2 线/4 线制电阻、短路蜂鸣、二极管测试、电容、频率、温度。

多种辅助测量功能：Max./Min. x REL/REL♯. Compare. Hold. dB、dBm、Math（MX＋Bf%，1/X）。

2.1.3 基本测量

常见测量项测试线连接方式如图 2-1-2 所示。对应的屏幕显示如图 2-1-3 所示。

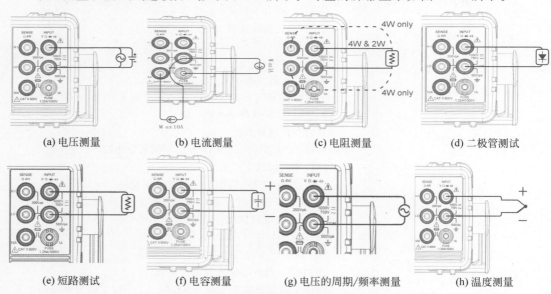

(a) 电压测量　　(b) 电流测量　　(c) 电阻测量　　(d) 二极管测试

(e) 短路测试　　(f) 电容测量　　(g) 电压的周期/频率测量　　(h) 温度测量

图 2-1-2　常见测量项测试线连接方式

1. AC/DC 电压测量

GDM-8352 可以测量 750V 以内的交流电压或 1000V 以内的直流电压。步骤如下。

（1）设置测量功能。按 DCV 或 ACV 键测量 DC（直流）或 AC（交流）电压。对于 AC＋DC 电压，同时按 ACV 和 DCV 键。

屏幕显示如图 2-1-3（a）所示：主屏显示电压值，次屏显示量程挡位，测量功能图标根据情况显示"CC"、"AC"或"ACDC"。

AC & DC indicator	Voltage units	Measurement range

0.19860

(a) 电压测量显示

AC & DC indicator	Current units	Measurement range

0.19860

(b)电流测量显示

2W/4W indicator	Resistance units	Measurement range

0.10060

(c) 电阻测量显示

Diode state	Diode function indicator

OPEN   DIODE

(d) 二极管测试显示

Continuity state	Continuity function indicator

OPEN   CONT

(e) 短路测试显示

Capacitance indicator	Capacitance units	Measurement range

0.152

(f) 电容测量显示

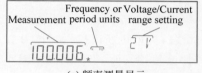

(g) 频率测量显示

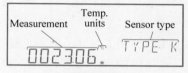

(h) 温度测量显示

图 2-1-3 屏幕显示

（2）连线。如图 2-1-2（a）所示连接端口和测试线。

（3）选择量程挡位。按 AUTO 键自动选定挡位，或者按上/下键手动选择挡位。如果挡位不确定，请选择最大量程。

2. AC/DC 电流测量

GDM-8352 有两个用于测量电流的端口。"1A"孔用于测量小于 1A 的电流；"10A"孔可测量高达 10A 的电流。步骤如下。

（1）设置测量功能。测量直流（DC）电流，同时按 SHIFT＋DCV 键；测量交流（AC）电流，同时按 SHIFT＋ACV 键；对于 AC＋DC 电流，同时按 SHIFT、DCV 和 ACV 键。

屏幕显示如图 2-1-3（b）所示：主屏显示电流值，次屏显示量程挡位，测量功能图标根据情况显示"DC"、"AC"或"ACDC"。

（2）连线。如图 2-1-2（b）所示连接端口和测试线。若被测电流≤1A，则使用"1A"孔；若电流＞1A，则使用"10A"孔。

（3）选择量程挡位。按 AUTO 键，自动选定挡位，或者按上/下键手动选择挡位。如果挡位不确定，请选择最大量程。

3. 电阻测量

电阻的测量类型分为 2W（2 线）和 4W（4 线）。当被测电阻大于 1kΩ 时，建议使用 2W 测量；当被测电阻小于 1kΩ 时，建议使用 4W 测量，利用补偿端口（HI/LO sense ports）补偿测试线的影响。步骤如下。

（1）设置测量功能。按一次 2W/4W 键，开启 2 线测量；按两次 2W/4W 键，开启 4 线测量。屏幕显示如图 2-1-3（c）所示，主屏显示电阻值，次屏显示量程挡位。

（2）连线。如图 2-1-2（c）所示连接端口和测试线。对于 2W 测量，仅使用两根测量线；对于 4W 测量，需要两根测量线和两根传感线，测试线的连接同 2W 测量，传感线连接 LO 和 HI 传感端子。

（3）选择量程挡位。按 AUTO 键，自动选定挡位，或者按上/下键手动选择挡位。如果挡位不确定，请选择最大量程。

4. 二极管测试

（1）设置测量功能。按一次 ➤➤/•))) 键，开启二极管测量（按两次 ➤➤/•))) 键，开启短路测量）。

（2）连线。如图 2-1-2(d)所示连接端口和测试线。测试线连接"VΩ"插口和"COM"插口，其中二极管阴极接"COM"口。

（3）屏幕更新读值。屏幕显示如图 2-1-3(d)所示。

5. 短路测试

（1）设置测量功能。按两次 ➤➤/•))) 键，开启短路测试（按一次 ➤➤/•))) 键，开启二极管测量）。

（2）连线。如图 2-1-2(e)所示连接端口和测试线。屏幕更新读值，如图 2-1-3(e)所示。

（3）设置短路阈值。当进行短路测试时，可以修改短路阈值，当检测到电阻小于阈值时则认为是短路连接。默认阈值为 10Ω，可设置的阈值范围为 $0\sim2000\Omega$。设置步骤如下：①按 MENU 键；②1 级进入 MEAS；③2 级进入 CONT；④设置短路阈值，单位为欧姆；⑤按 Enter 键，确认短路设置；⑥按 EXIT 键，退出 CONT 设置。

6. 电容测量

（1）设置测量功能。按 SHIFT＋ ➤➤/•))) 键开启电容测量。

（2）连线。如图 2-1-2(f)所示连接端口和测试线。屏幕更新读值。屏幕显示如图 2-1-3(f)所示，主屏显示电容值，次屏显示量程挡位，测量模式显示电容图标。

（3）选择量程挡位。可自动或者手动选定测量挡位。注意：测量电容时不可更新频率设置和外部触发。

7. 周期/频率测量

GDM-8352 可测量信号的频率或周期。该功能可以测量电压频率/周期或电流频率/周期，测量范围：频率为 $10\mathrm{Hz}\sim1\mathrm{MHz}$，周期为 $1.0\mu\mathrm{s}\sim100\mathrm{ms}$。

（1）设置测量功能。按一次 Hz/P 键测量频率，频率显示在主屏上，电压/电流的挡位显示在次屏上，如图 2-1-3(g)所示；按两次 Hz/P 键测量周期，周期显示在主屏上，电压/电流的挡位显示在次屏上。

注意，按两次 2ND 键，次屏在电压/电流挡位和菜单功能（FREQ 或 PERIOD）之间切换，即使次屏已经切换成显示菜单功能，实际仍可以设置电压/电流挡位。

（2）确认输入插口。根据被测信号选择插口，可选插口有 VOLT、1A、10A，默认使用 VOLT 端口。插口选择步骤如下。

①按 MENU 键；②1 层进入 MEAS；③2 层进入 INJACK；④INJACK 设为 VOLT、1A 或 10A；⑤按 Enter 键，确认输入插口；⑥按 EXIT 键，退出 INJACK 界面。

（3）连接。根据输入插口进行连接，比如，若选择 VOLT 端口，则测试线连接"VΩ"孔和"COM"孔，如图 2-1-2(g)所示。

（4）选择量程挡位。频率/周期测量的输入电压/电流挡位可以设为自动或手动。默认周期和频率的电压/电流挡位设为自动。

8. 温度测量

GDM-8352 使用热电偶测量温度。仪器接受热电偶输入,并根据电压波动计算温度。测量时,需同时考虑热电偶类型和参考结点温度。

(1)设置测量功能。同时按 SHIFT＋2W/4W 测量温度。主屏显示温度,次屏显示传感器类型,如图 2-1-3(h)所示。

(2)连接。"VΩ"孔和"COM"孔,如图 2-1-2(a)所示连接端口和测试线。

(3)设置温度单位。步骤:①按 MENU 键;②1 层进入 TEMP;③2 层进入 UNIT;④选择 C(摄氏度)或 F(华氏温度);⑤按 Enter 键,确认温度设置;⑥按 EXIT 键,退出温度菜单。

(4)选择热电偶类型。热电偶类型包括 J、K、T 型,测量范围均为−200～＋300℃。热电偶类型选择步骤如下:①按 MENU 键;②1 层进入 TEMP;③2 层进入 SENSOR;④选择热电偶类型(J、K、T);⑤按 Enter 键,确认温度设置;⑥按 EXIT 键,退出温度菜单。

(5)设置参考结点温度。热电偶与万用表连接后,应考虑热电偶导线和万用表输入端之间的温度差,否则可能会加入错误温度。参考结点的温度值范围为 0～50℃,默认 23.00℃。参考结点温度设置步骤如下:①按 MENU 键;②1 层进入 TEMP;③2 层进入 SIM;④设置 SIM(simulated)参考结点温度;⑤按 Enter 键,确认温度设置;⑥按 EXIT 键,退出温度菜单。

2.2 直流稳压电源

直流稳压电源是输出电压保持稳定不变的一种电源设备。由于电子技术的特性,许多电子产品都需要提供持续稳定满足负载需求的直流电源,所以电工电子实验室经常用到直流稳压电源。通常直流稳压电源采用 220V 电压输入,经内部电路转换后可在安全电压范围内,输出电流连续可调、电压连续可调、可设置串并联组合等形式的直流电压信号。

本节以直流电源供应器 GPD-3303D 为例介绍直流稳压电源的使用方法。

2.2.1 基本功能

GPD-3303 系列直流电源供应器具有轻便、可调、多功能工作配置的特点。它有 3 组独立输出:2 组输出连续可调的电压值,1 组输出固定可选择的电压值(2.5V、3.3V 和 5V)。

GPD-3303 系列直流电源供应器有三种输出模式:独立、串联和并联。在独立模式下,输出电压和电流各自单独控制。输出端子与底座之间或输出端子与输出端子之间是 300V。在跟踪模式下,CH1 与 CH2 的输出自动连接成串联或并联模式,不需要连接输出导线。在串联模式下,输出电压是 2 倍。在并联模式下,输出电流是 2 倍。

除了 CH3 外,每组输出通道均可工作在恒压源或恒流源模式。针对大负载,电源可以工作在恒压源模式;而针对小负载,电源工作在恒流源模式。在恒压源模式下(独立或跟踪模式),输出电流通过前面板控制(过载或短路)。在恒流源模式下(仅独立模式),最大输出电压(最高限值)通过前面板控制。当输出电流达到目标值后,电源将自动地从恒压源转变成恒流源;当输出电压达到目标值后,电源将自动地从恒流源转变成恒压源。

GPD-3303D 直流稳压电源的面板结构如图 2-2-1 所示。图中各标号含义如表 2-2-1 所示。

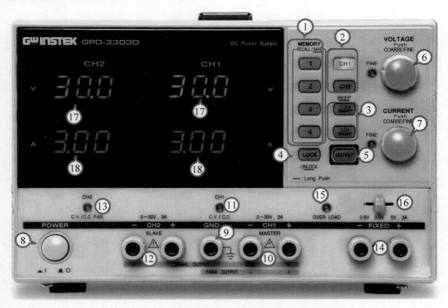

图 2-2-1　GPD-3303D 面板

表 2-2-1　GPD-3303D 面板功能介绍

图中标号	名　　称	功　能　介　绍
①	存储/呼叫键	存储或呼叫 MEMORY 的数值
②	CH1、CH2/蜂鸣键	选择输出通道。按下 CH2 键超过 2s,保留或关闭蜂鸣器
③	串联键、并联键	启动并联操作或串联操作
④	锁定键	锁定或解除前面板设定
⑤	输出键	打开/关闭输出
⑥	电压调节旋钮	调整输出电压值。按下旋钮开关可将粗调模式转换为细调模式
⑦	电流调节旋钮	调整输出电流值。按下旋钮开关可将粗调模式转换为细调模式
⑧	电源开关	打开▅▅或关闭▅ 主开关
⑨	接地端子	接地
⑩	CH1 输出端	输出 CH1 的电压与电流
⑪	CH1 CV/CC 指示灯	指示 CH1 恒压或恒流状态。恒压状态亮绿灯,恒流状态亮红灯
⑫	CH2 输出端	输出 CH2 电压与电流
⑬	CH2 CV/CC/PAR 指示灯	指示 CH2 恒压/恒流,或并联操作模式。恒压状态亮绿灯,恒流状态亮红灯。指示灯显示红色表示并联模式
⑭	CH3 输出端	输出 CH3 电压与电流
⑮	CH3 过载指示灯	当 CH3 输出电流过载时指示
⑯	CH3 电压选择开关	选择 CH3 输出电压: 2.5V、3.3V 或 5V
⑰	电压表头	显示对应通道的输出电压
⑱	电流表头	显示对应通道的输出电流

备注:

(1) 三种输出模式的选择:在独立(INDEP)模式下,CH1 和 CH2 输出电压和电流各自完全独立；在串联(SERIES)或并联(PARALLEL)模式下,CH1 和 CH2 的输出自动串联或并联。当并联、串联键都未按下时,电源工作在 INDEP(独立)模式。按下 SER/INDEP 键时,电源工作在串联跟踪模式,CH1 输出端子与 CH2 输出端子自动串接。按下 PARA/INDEP 键时,电源工作在并联跟踪模式,CH1 输出端子与 CH2 输出端子自动并接。

(2) GPD-3303 系列电源根据负载条件自动切换恒压源(CV)模式和恒流源(CC)模式。针对大负载,工作在恒压源模式；针对小负载,工作在恒流源模式。

当输出电流低于设定值时,电压值保持设定值,电流值根据负载条件变动,前面板指示灯亮绿灯指示恒压模式。

当实际输出电流需求大于设定值时,电流值保持设定值,此时实际输出电压低于设定值,前面板指示灯亮红灯指示恒流模式。

在串联或并联模式下,通过 CH1 的指示灯指示 CV/CC 状态。且在并联模式下,CH2 的指示灯亮红色。

2.2.2　主要技术指标

GPD-3303D 的技术指标如表 2-2-2 所示。

表 2-2-2　GPD-3303D 的技术指标

	通道	CH1	CH2	CH3
输出	电压	0～5V		2.5/3.5/5V(±8%)
	电流	0～1A		0～3A
恒压模式	变动率	电压变动率<0.01%+3mV 负载变动率<0.01%+3mV(额定电流<3A) 负载变动率<0.02%+5mV(额定电流>3A)		电压变动率<0.01%+3mV 负载变动率<0.01%+3mV
	噪声	<1mV(5Hz～1MHz)		<1mV(5Hz～1MHz)
	恢复时间	<100μs(负载改变 50%,最小负载 0.5A)		<100μs(负载改变 50%,最小负载 0.5A)
	温度系数	<300ppm/℃		<300ppm/℃
	输出范围	0～额定电压,持续可调		2.5/3.5/5V
恒流模式	变动率	电压变动率<0.2%+3mA 负载变动率<0.2%+3mA		
	涟波电流	<3mA		
	输出范围	0～额定电流,持续可调		
追踪模式	并联变动率	电压变动率<0.01%+3mV 负载变动率<0.01%+3mV(额定电流<3A) 负载变动率<0.02%+5mV(额定电流>3A)		
	串联变动率	电压变动率<0.01%+5mV 负载变动率<300mV 追踪误差<0.5%		
	追踪误差	<0.5%±50mV		
表头	显示	电压：$2\frac{3}{4}$位 0.4LED 显示 电流：$2\frac{3}{4}$位 0.4LED 显示		
	分辨率	电压：100mV 电流：10mA		

表头	编程精确度	电压：±(0.5%的读数+2位)　　电流：±(0.5%的读数+2位)
	读值精确度	电压：±(0.5%的读数+2位)
		电流：±(0.5%的读数+2位)

2.2.3 基本测量

一、独立输出模式

1. CH1/CH2 独立模式

CH1 和 CH2 电源供应器每个通道可输出 0~30V 的电源。当设定在独立模式时,CH1 和 CH2 为完全独立的两组电源,可单独或两组同时使用,连接方法如图 2-2-2 所示,其步骤如下。

(1) 打开电源,确认 OUTPUT 开关置于关断状态。

(2) 确定并联和串联键关闭(按键灯不亮)。

(3) 按下 CH1/CH2 键,切换通道,并使用电压调节旋钮和电流调节旋钮设置通道的电压值和电流值。

(4) 将图 2-2-3 所示的红色测试导线插入输出端的正极,将黑色测试导线插入输出端的负极。

(5) 连接负载后,打开 OUTPUT 开关,指示灯显示 CV 或 CC 模式。

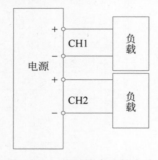

图 2-2-2　独立输出连接方式

图 2-2-3　稳压电源测试导线

2. CH3 独立模式

可输出 2.5V、3V、5V 的电压,额定电流为 3A。CH3 没有串联/并联模式,CH3 的输出也不受 CH1、CH2 模式的影响。

操作步骤如下。

(1) 打开电源,确认 OUTPUT 开关置于关断状态。

(2) 确定并联和串联键关闭(按键灯不亮)。

(3) 使用 CH3 电压选择开关,选择输出电压 2.5V、3.3V 或 5V。

(4) 连接负载后,打开 OUTPUT 开关。

备注：当输出电流超过 3A 时,过载指示灯显示红灯,CH3 将从恒压源转为恒流源。

二、串联模式

当选择串联跟踪模式时,机器通过内部连接将 CH1(主)和 CH2(从)进行串联合并输出,即 CH2 输出端正极将自动与 CH1 输出端子的负极相连接。CH1(主)控制合并后的输出的电压值,电流值各自独立设置。

根据公共地的使用不同,串联模式有两种设置。

1. 无公共端的串联

假如只需单电源供应,则将测试导线一条接到 CH2 的负端,另一条接 CH1 的正端,而此两端可提供 2 倍的主控输出电压显示值,如图 2-2-4 所示。

其操作程序如下。

(1)打开电源,确认 OUTPUT 开关置于关断状态。

(2)按下 SER/INDEP 键,按键灯点亮,将电源设定在串联跟踪模式。

(3)点亮 CH2 开关,使用电流调节旋钮设置 CH2 输出电流到最大值(3.0A)。

(4)点亮 CH1 开关,使用电压调节旋钮和电流调节旋钮来设置输出的电压值和电流值。

(5)按图 2-2-4 连接负载,打开 OUTPUT 开关。

如图 2-2-6 所示,实际输出电压为 40V,输出电流为 2A。

2. 有公共端的串联

假如需得到一组共地的正负对称直流电源,则按图 2-2-5 的接法,将 CH1 输出负端(黑色端子)当作共地点,则 CH1 输出端正极对共地点,可得到正电压(CH1 表头显示值)及正电流(CH1 表头显示值),而 CH2 输出负极对共地点,则可得到与 CH1 输出电压值相同的负电压,即所谓追踪式串联电压。

操作程序如下。

(1)打开电源,确认 OUTPUT 开关置于关断状态。

(2)按下 SER/INDEP 键,按键灯点亮,将电源设定在串联跟踪模式。

(3)点亮 CH1 开关,使用电压调节旋钮设置输出值(两通道输出电压值相同)。

(4)使用电流调节旋钮来设置 CH1(主)输出电流值。

(5)按图 2-2-5 连接负载,打开 OUTPUT 开关。

(6)点亮 CH2 开关,使用电流调节旋钮来设置 CH2(从)输出电流。

如图 2-2-7 所示,CH1 输出电压为 20V,输出电流为 2A;CH2 输出电压与 CH1 电压值相同,输出电流为 3A。

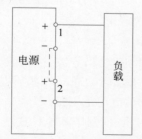

图 2-2-4　单电源串联输出连接方式

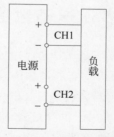

图 2-2-5　正/负对称电源输出连接方式

图 2-2-6 单电源串联输出显示

图 2-2-7 正/负对称电源输出显示

三、并联模式

当需要的电源输出电流超过单路最大额定输出电流时,采用并联跟踪输出模式。此时,CH1 输出端正极和负极会自动地与 CH2 输出端正极和负极两两相互连接在一起,合并为单通道输出,CH1 控制合并后的输出。并联操作输出电流是 CH1 表头显示值的 2 倍。

操作程序如下。

(1) 打开电源,确认 OUTPUT 开关置于关断状态。

(2) 按下 PARA/INDEP 键来启动并联模式,按键灯点亮。

(3) 如图 2-2-8 所示,连接负载后,打开 OUTPUT 开关。

(4) CH2 指示灯显示红色,表明并联模式。

(5) 点亮 CH1 开关,使用电压和电流调节旋钮来设置输出电压和电流。输出 CV/CC 状态由 CH1 指示灯显示。

在并联模式时,CH2 的输出电压完全由 CH1 的电压和电流调节旋钮控制,并且跟踪 CH1 输出电压,因此从 CH1 电压表或 CH2 电压表可读出输出电压值。电源的实际输出电流为 CH1 和 CH2 两个电流表头指示值之和。

如图 2-2-9 所示,实际输出电压为 20V,输出电流为 4A。

图 2-2-8 并联跟踪输出连接方式   图 2-2-9 并联跟踪输出显示

2.3 多通道函数信号发生器

函数信号发生器是一种多波形的信号源,可以产生正弦波、方波、三角波、锯齿波、脉冲波,甚至任意波形。有的函数信号发生器还具有调制功能,可以进行调幅、调频、调相、脉宽调制和 VCO 控制。函数信号发生器有很宽的频率范围,使用范围很广,是一种不可或缺的通用信号源。可用于生产测试、仪器维修和实验室,还广泛使用于其他科技领域,如医学、教育、化学、通信、地球物理学、工业控制、军事和宇航等。

本节以多通道函数信号发生器 MFG-2220HM 为例介绍函数信号发生器的功能和使用

方法。

2.3.1 基本功能

MFG-2220HM 双通道任意波形信号发生器包括 CH1 与 CH2 两个频率为 200MHz 的等性能双通道 AFG(任意波形信号发生器)、脉冲信号发生器(频率可达 25MHz),可以满足多个领域的教学与产业的应用。

MFG-2220HM 中的 AFG 通道可输出正弦波、方波、三角波等一般常用波形。更有 250MHz/s 采样率、125MHz 波形重复率、14 位分辨率、16k 点内存深度的"真实逐点输出"任意波形的特性;具有 AM/FM/PM/FSK/PWM 调变、Sweep、Burst、Trigger、150MHz 频率计等的功能。可同步双通道的信号,CH1 与 CH2 两个输出信号间可以产生同步、延迟、相加及通道耦合的相关性信号。25MHz 的脉冲发生器为标准配备,可独立输出的脉冲发生器为一功能完整脉冲信号源,除一般脉冲宽度可调外,其上升沿/下降沿时间(Leading and Trailing Edge Time)可调,可当作触发信号使用。

MFG-2220HM 函数信号发生器的前面板如图 2-3-1 所示,面板功能如表 2-3-1 所示。

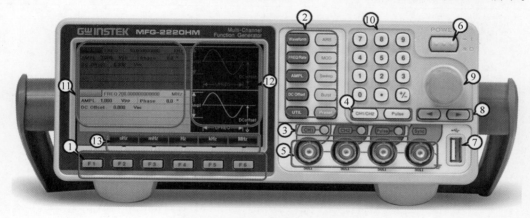

图 2-3-1　MFG-2220HM 前面板

表 2-3-1　面板功能简介

图中标号	名　称	功　能　介　绍
①	功能键 F1～F6	位于显示屏下侧,用于功能激活
②	Waveform	用于选择波形类型
	FREQ Rate	用于设置频率或采样率
	AMPL	用于设置波形幅值
	DC Offset	设置直流偏置
	UTIL	用于进入存储和调取选项、更新和查阅固件版本、进入校正选项、系统设置等
	ARB	用于设置任意波形参数
	MOD、Sweep、Burst	MOD、Sweep 和 Burst 键用于设置调制、扫描和脉冲串选项和参数
	Preset	复位键,用于调取预设状态
③	通道输出键	用于打开或关闭波形输出

图中标号	名　称	功　能　介　绍
④	通道切换键	用于切换 CH1、CH2、Pulse 通道,屏幕上被选择的通道可以很清楚地看到,未被选择的通道会变淡
⑤	输出端口	CH1 为通道一输出端口,CH2 为通道二输出端口,Pulse 为 Pulse 通道输出端口,SYNC 为同步输出端口
⑥	开机按钮	用于开关机
⑦	USB Host	USB Host 接口
⑧	方向键	用于移动光标指示位,配合转动可调旋钮时可以加减光标指示位的数字
⑨	可调旋钮	用于编辑数值和参数,左旋减小,右旋增加
⑩	数字键盘	用于输入数字,常与方向键和可调旋钮一起使用
⑪	参数窗口	显示和编辑参数,正在编辑的通道可以很清楚地看到,而未编辑的会变淡
⑫	软菜单键	与屏幕下方按键(F1~F6)相对应
⑬	波形显示窗口	显示编辑的波形

2.3.2　主要技术指标

1. 频率特性

输出波形及其频率范围:正弦波 200MHz、方波 60MHz、三角波(斜波)5MHz。

输出波形频率分辨率:$1\mu Hz$。

输出波形频率精度:$\pm 20ppm$。

输出波形频率误差:$\leqslant 1\mu Hz$。

2. 输出特性

输出振幅范围:$\leqslant 20MHz$,$1mVpp\sim 10Vpp$;$\leqslant 70MHz$,$1mVpp\sim 5Vpp$。

　　　　　　　$\leqslant 120MHz$,$1mVpp\sim 2Vpp$;$\leqslant 200MHz$,$1mVpp\sim 1Vpp$。

输出振幅精度:设定值的 $\pm 2\%\pm 1mVpp$(1kHz 正弦波/接 50Ω 负载,DC 偏压设置 0V)。

输出振幅分辨率:0.1mV。

平坦度:$\leqslant 10MHz$,$\pm 0.1dB$;$\leqslant 60MHz$,$\pm 0.2dB$;$\leqslant 100MHz$,$\pm 1dB$;

　　　　$\leqslant 160MHz$,$\pm 1.5dB$;$\leqslant 200MHz$,$\pm 3dB$(100kHz 正弦波/接 50Ω 负载)。

偏压范围:$\pm 5Vpk\ ac+dc$(接 50Ω 负载);$\pm 10Vpk\ ac+dc$ (开路)。

偏压精度:设定值的 $1\%+5mV+0.5\%$ 振幅。

输出波形及其频率范围:正弦波 200MHz、方波 60MHz、三角波(斜波)5MHz。

3. 调制波

AM 调制:调制频率 $2mHz\sim 50kHz$(int)、$DC\sim 50kHz$(Ext),调制深度 $0\%\sim 120\%$。

FM 调制:调制频率 $2mHz\sim 50kHz$(int)、$DC\sim 50kHz$(Ext),频偏 $DC\sim 0.5\times$最大频率。

PM 调制:调制频率 $2mHz\sim 50kHz$(int)、$DC\sim 50kHz$(Ext),相位偏移 $0°\sim 360°$。

PWM 调制:调制频率 $2mHz\sim 50kHz$(int)、$DC\sim 50kHz$(Ext),宽度深度 $0\%\sim 100.0\%$。

FSK:内部频率 $2mHz\sim 1MHz$,调频范围 $1\mu Hz\sim$最大频率。

ASK：内部频率 2mHz～1MHz，振幅范围 1mVpp～10Vpp。

PSK：内部频率 2mHz～1MHz，相位范围 0°～360°。

2.3.3 基本测量

一、基本操作

1. 通道选择

MFG-2220HM 系列多通道函数信号发生器在输出之前必须先对通道进行操作和选择。

操作：按 CH1/CH2 键或 Pulse 键，被选择的通道可以很清楚地看到，而未被选择的会变淡。如图 2-3-2 所示，CH1 已被选择。

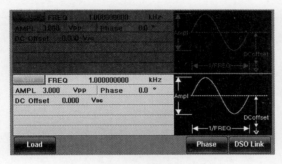

图 2-3-2 通道选择显示

2. 通道设置

通道设置包括通道输出阻抗设置、输出波形相位设置、DSO Link 设置等。

1) 设置输出阻抗

(1) 按 CH1/CH2 键，选择通道。

(2) 按 F1(Load)键，进入负载设置界面，如图 2-3-3(a)所示。

(3) 按 F1(50 OHM)或 F2(High Z)键，设定负载的大小。

注意：高阻时的幅度是 50 OHM 时的 2 倍。可以在 UNITL 里看到各个通道的 Load 设置状态。

2) 输出波形相位设置

(1) 按 CH1/CH2 键，选择通道。

(2) 按 F5(Phase)键，进入相位设置界面，位于参数窗口中的 Phase 参数将变亮，如图 2-3-3(b)所示。若按下 F2(Sync lnt)键，将同步两个通道的相位。

(3) 使用数字键、方向键、可调节旋钮设置相位的大小。

(4) 按 F5 (Degree)键，选择相应单位。

3. 信号参数设置

信号参数设置包括频率(FREQ)、幅值(AMPL)、直流偏置(DC Offset)设置等。

(1) 按 CH1/CH2 键，选择通道。

(2) 按显示屏右侧 Waveform 键，显示如图 2-3-4(a)所示，按 F1～F6 键可以选择产生不同的波形。其中，F2(Square)键：方波；F3(Triangle)键：三角波；F4(Pulse)键：脉冲

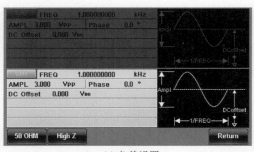

(a) 负载设置

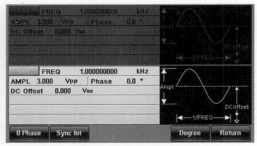

(b) 相位设置

图 2-3-3　通道设置

波；F5(Ramp)键：斜波；F6(Noise)键：噪声波。

（3）按显示屏右侧 FREQ/Rate 键，位于参数窗口处的 FREQ 参数将变亮，如图 2-3-4(b)所示。使用数字键、方向键、可调节旋钮设置频率的大小，通过显示屏下方 F2～F6 键选择相应单位。

（4）按显示屏右侧 AMPL 键，位于参数窗口处的 AMPL 参数将变亮，如图 2-3-4(c)所示。使用数字键、方向键、可调节旋钮设置幅度值，通过显示屏下方 F2～F6 键选择相应单位。

（5）显示屏右侧 DC Offset 键，位于参数窗口处的 DC Offset 参数将变亮，如图 2-3-4(d)所示。使用数字键、方向键、可调节旋钮设置直流偏置的大小。通过显示屏下方 F5～F6 键选择相应单位。

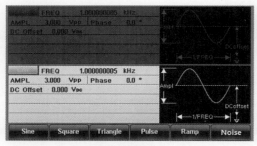

(a) 设置波形

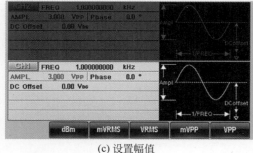

(b) 设置频率

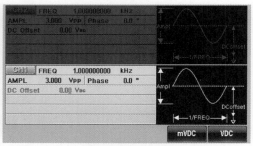

(c) 设置幅值

(d) 设置直流偏置

图 2-3-4　信号参数设置

二、常见信号和调制波操作实例

基本波形的产生如表 2-3-2 所示。

表 2-3-2 基本波形的产生

序 号	输 出 波 形	操 作 步 骤
1	正弦波： 频率 10kHz 幅度 0.5Vpp	1. 按"CH1/CH2"键，选择 CH1 通道。 2. 按显示屏右侧"Waveform"键，进入波形设置，按显示屏下侧第 1 个功能键"F1"，选择正弦波 sine。 3. 按显示屏右侧"FREQ/Rate"键，进入频率设置，按数字键【1】【0】，设置频率大小，按显示屏下方"kHz"对应的按键，选择 kHz 作为频率单位。 4. 按显示屏右侧"AMPL"键，进入幅度设置，按数字键【0】【.】【5】，设置幅度大小，按显示屏下方"Vpp"对应的键，选择 Vpp 作为幅值单位。 5. 按 CH1 对应的输出键
2	方波： 频率 1kHz 幅度 3Vpp 占空比 75%	1. 按"CH1/CH2"键，选择 CH1 通道。 2. 按显示屏右侧"Waveform"键，进入波形设置，按显示屏下侧第 2 个功能键"F2"，选择方波 Square。 3. 按显示屏下方功能键"F1"，进入占空比（Duty）设置，按数字按键【7】【5】，设置占空比大小，按显示屏下方第 5 个功能键"F5"，选择单位%。 4. 分别按"FREQ/Rate"键、数字键【1】、单位"F5"(kHz)。 5. 分别按"AMPL"键、数字键【3】、"F6"(Vpp)。 6. 按 CH1 对应的输出键
3	三角波： 频率 1kHz 幅度 3Vpp	1. 按"CH1/CH2"键，选择 CH1 通道。 2. 按右侧"Waveform"键，按显示屏下方功能键"F3"。 3. 分别按"FREQ/Rate"键、数字键【1】、屏幕下方功能键"F5"(kHz)。 4. 分别按"AMPL"键、数字键【3】、显示屏下方功能键"F6"(Vpp)。 5. 按 CH1 对应的输出键
4	脉冲波： 频率 20Hz 幅度 5Vpp 脉宽 0.04s	1. 按"CH1/CH2"键，选择 CH1 通道。 2. 按显示屏右侧"Waveform"键，按显示屏下方功能键"F4"，选择脉冲波 pulse。 3. 按显示屏下方"F1"键，进入脉宽（Width）设置，分别按数字键【0】【.】【0】【4】、显示屏下方"s"对应的键。 4. 分别按右侧"FREQ/Rate"键、数字键【2】【0】、显示屏下方"Hz"对应的单位键。 5. 分别按显示屏右侧"AMPL"键、数字键【5】、显示屏下方"Vpp"对应的键。 6. 按 CH1 对应的输出键
5	斜波： 频率 10kHz 幅度 5Vpp 对称度 50%	1. 按"CH1/CH2"键，选择 CH1 通道。 2. 按显示屏右侧"Waveform"键，按显示屏下方功能键"F5"，选择斜波 Ramp。 3. 按显示屏下方功能键"F1"，进入对称度（SYM）设置，分别按数字键【5】【0】、显示屏下方"F5"(%)键。 4. 分别按"FREQ/Rate"键、数字键【1】【0】、显示屏下方"F5"(kHz)键。 5. 分别按"AMPL"键、数字键【5】、显示屏下方"F6"(Vpp)键。 6. 按 CH1 对应的输出键
6	噪声波： 幅度 3Vpp	1. 按"CH1/CH2"键，选择 CH1 通道。 2. 按显示屏右侧"Waveform"键，选中"F6"键，选择噪声波。 3. 分别按显示屏右侧"AMPL"键、数字键【3】、显示屏下方"Vpp"对应的单位键。 4. 按 CH1 对应的输出键

调制波操作步骤如表 2-3-3 所示。

表 2-3-3　调制波操作步骤

序　号	输 出 波 形	操 作 步 骤
1	调幅（AM）波： 载波频率 1MHz 载波幅度 5Vpp 载波为正弦波 调制频率 10kHz 调幅深度 30% 调制波形为方波	1. 按"CH1/CH2"键，选择 CH1 通道。 2. 按"MOD"键，选择"F1"（AM）。 3. 按"Waveform"键，选中"F1"设置为正弦波。 4. 分别按"FREQ/Rate"键、【1】、"MHz"对应的键，设置载波频率。 5. 分别按"AMPL"键、"F5"、Vpp 对应的键，设置载波幅度。 6. 按"MOD"键，选择"F1"（AM）。 7. 按"F4"（Shape）键，再按"F2"键选择方波作为调制波。 8. 按"MOD"键，选择"F1"（AM）。 9. 分别按"F3"（AM Freq）、【1】【0】、"kHz"对应的键。 10. 按"MOD"键，选择"F1"（AM）。 11. 按"F2"（Depth）键，再按【3】【0】、"%"对应的键。 12. 按"MOD"键，选择"F1"（AM）。 13. 按"F1"（Source）键，再按"F1"（INT）键选择内部调制源。 14. 按 CH1 对应的输出键
2	ASK 调制： 1kHz 载波 正弦波 10Hz 频率 调制占空比 50% 内部调制源	1. 按"CH1/CH2"键，选择 CH1 通道。 2. 按"MOD"键，选中"F6"（More），再按"F2"（ASK）键。 3. 按"Waveform"键，选择"F1"正弦波（sine）。 4. 按"FREQ/Rate"键，再按【1】、"kHz"对应的按键，设置载波频率。 5. 按"MOD"键，选中"F6"（More），再按"F2"（ASK）键。 6. 分别按"F3"（ASK Rate）、【1】【0】、"Hz"对应的键。 7. 按"MOD"键，选中"F6"（More），再按"F2"（ASK）。 8. 分别按"F2"（ASK Ampl）、【5】【0】【0】、"mVpp"对应的键。 9. 按"MOD"键，选中"F6"（More），再按"F2"（ASK）键。 10. 按"F1"（Source）键，再按"F1"（INT）键，选择内部调制源。 11. 按 CH1 对应的输出键
3	调频（FM）波： 载波频率 1kHz 载波幅度 5Vpp 载波为正弦波 调制频率 100Hz 频移为 100Hz 调制波形为方波 内部调制源	1. 按"CH1/CH2"键，选择 CH1 通道。 2. 按"MOD"键，选中"F2"（FM）。 3. 按"Waveform"键，选中"F1"，设置载波为正弦波。 4. 按"FREQ/Rate"键，再按【1】、"kHz"对应的键，设置载波频率。 5. 按"AMPL"键，再按【5】、"Vpp"对应的键，设置载波幅度。 6. 按"MOD"键，选择"F2"（FM）。 7. 按"F4"（Shape）键，再按"F2"键，选择调制波为方波。 8. 按"MOD"键，选择"F2"（FM）。 9. 按"F3"（FM Freq）键，再按【1】【0】【0】、"Hz"对应的键，设置调制频率。 10. 按"MOD"键，选择"F2"（FM）。 11. 按"F2"（FM Dev）键，再按【1】【0】【0】、"Hz"对应的键，设置频移。 12. 按"MOD"键，选择"F2"（FM）。 13. 按"F1"（Source）键，再按"F1"（INT）键，选择内部调制源。 14. 按 CH1 对应的输出键

续表

序 号	输 出 波 形	操 作 步 骤
4	FSK 调制: 100Hz 跳跃频率 1kHz 载波 正弦波 10Hz 频率 内部调制源	1. 按"CH1/CH2"键,选择 CH1 通道。 2. 按"MOD"键,选中"F3"(FSK)。 3. 按"FREQ/Rate"键,再按【1】、"kHz"对应的键。 4. 按"MOD"键,选中"F3"(FSK)。 5. 分别按"F3"(FSK Rate)、【1】【0】、"Hz"对应的键。 6. 按"MOD"键,选中"F3"(FSK)。 7. 分别按"F2"(Hop Freq)、【1】【0】【0】、"Hz"对应的键。 8. 按"MOD"键,选中"F3"(FSK)。 9. 按"F1"(Source)键,再按"F1"(INT)键,选择内部调制源。 10. 按 CH1 对应的输出键
5	调相(PM)波: 载波频率 800Hz 载波为正弦波 调制频率 15kHz 调制波为正弦波 相位偏移 50° 内部调制源	1. 按"CH1/CH2"键,选择 CH1 通道。 2. 按"Waveform"键,选择"F1"(sine)。 3. 按"MOD"键,选中"F4"(PM)。 4. 分别按"FREQ/Rate"键、【8】【0】【0】、"Hz"对应的键。 5. 按"MOD"键,选中"F4"(PM)。 6. 按"F4"(Shape)键,再按"F1"(sine)键。 7. 按"MOD"键,选中"F4"(PM)。 8. 分别按"F3"(PM Freq)、【1】【5】、"kHz"对应的键。 9. 按"MOD"键,选中"F4"(PM)。 10. 分别按"F2"(Phase Dev)、【5】【0】、"°"对应的键。 11. 按"MOD"键,选中"F4"(PM)。 12. 按"F1"(Source)键,再按"F1"(INT)键,选择内部调制源。 13. 按 CH1 对应的输出键
6	PSK 调制: 50% 相位偏移 1kHz 载波 正弦波 10Hz 频率 内部调制源	1. 按"CH1/CH2"键,选择 CH1 通道。 2. 按"MOD"键,选中"F6"(More),再按"F3"(PSK)。 3. 按"Waveform"键,选择"F1"(sine)。 4. 按"FREQ/Rate"键,再按【1】、"kHz"对应的键。 5. 按"MOD"键,选中"F6"(More),再按"F3"(PSK)键。 6. 分别按"F3"(PSK Rate)、【1】【0】、"Hz"对应的键。 7. 按"MOD"键,选中"F6"(More),再按"F3"(PSK)键。 8. 分别按"F2"(PSK Phase)、【5】【0】、"Degree"对应的键。 9. 按"MOD"键,选中"F6"(More),再按"F3"(PSK)键。 10. 按"F1"(Source)键,再按"F1"(INT)键,选择内部调制源。 11. 按 CH1 对应的输出键
7	PWM: 载波频率 800Hz 调制频率 15kHz 调制波为正弦波 占空比 50% 内部调制源	1. 按"CH1/CH2"键,选择 CH1 通道。 2. 按"Waveform"键,选择"F2"(Square)。 3. 按"MOD"键,选中"F6"(More),再按"F1"(PWM)。 4. 分别按"FREQ/Rate"键、【8】【0】【0】、"Hz"对应的键。 5. 按"MOD"键,选中"F6"(More),再按"F1"(PWM)键。 6. 按"F4"(Shape)键,再按"F1"(sine)键。 7. 按"MOD"键,选中"F6"(More),再按"F1"(PWM)键。 8. 按"F3"(PWM Freq)键,再按【1】【5】、"kHz"对应的键。

序 号	输 出 波 形	操 作 步 骤
7		9. 按"MOD"键,选中"F6"(More),再按"F1"(PWM)键。
		10. 按"F2"(Duty)、【5】【0】、"%"对应的键。
		11. 按"MOD"键,选中"F6"(More),再按"F1"(PWM)键。
		12. 按"F1"(Source)键,再按"F1"(INT)键,选择内部调制源。
		13. 按 CH1 对应的输出键
8	SUM 调制: 载波为 1kHz 正弦波 调制波为 100Hz 方波 振幅深度 50% 内部源	1. 按"CH1/CH2"键,选择 CH1 通道。
		2. 按"MOD"键,选中"F5"(SUM)。
		3. 按"Waveform"键,选择"F1"(Sine)。
		4. 按"FREQ/Rate"键,再按【1】、"kHz"对应的键。
		5. 按"MOD"键,选中"F5"(SUM)。
		6. 按"F4"(Shape)键,再按"F2"(Square)键。
		7. 按"MOD"键,选中"F5"(SUM)。
		8. 分别按"F3"(SUM Freq)、【1】【0】【0】、"Hz"对应的键。
		9. 按"MOD"键,选中"F5"(SUM)。
		10. 分别按"F2"(SUM Ampl)、【5】【0】、"%"对应的键。
		11. 按"MOD"键,选中"F5"(SUM)。
		12. 按"F1"(Source)键,再按"F1"(INT)键,选择内部调制源。
		13. 按 CH1 对应的输出键

2.4 多功能混合域示波器

示波器是用于显示电磁波的仪器,它能够将电信号随时间变化的波形曲线显示在屏幕上,便于人们研究各种电现象的变化过程。除了可以观测电路中任意点信号的波形外,还可测量被测信号的电压、周期、频率、相位等参数。示波器有模拟示波器和数字示波器之分,数字示波器具有波形触发、存储、显示、测量、波形数据分析处理等独特优点,应用日益普及。

本节以多功能混合域示波器 MDO-2202AG 为例介绍数字示波器的功能特点及使用方法。

2.4.1 基本功能

MDO-2202AG 是一款 200MHz 双通道多功能混合域数字示波器,内置频谱分析功能、双通道 25MHz 任意波信号发生器功能、频率响应分析(FRA)功能。示波器可以观测电路中任意点信号的波形,测量被测信号的电压、周期、频率、相位等参数。频率带宽为 300MHz,最大实时采样频率为 2GSa/s。MDO-2202AG 面板如图 2-4-1 所示。

1. 垂直系统

垂直系统面板如图 2-4-2 所示,用于 Y 轴各信号参数的调节,其功能介绍如表 2-4-1 所示。

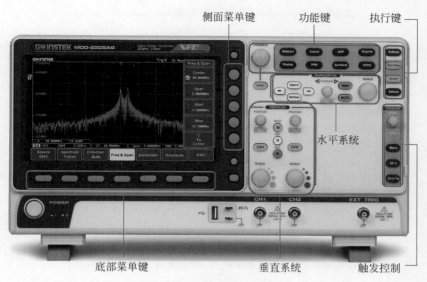

图 2-4-1　MDO-2202AG 面板

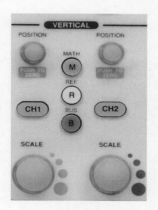

图 2-4-2　垂直系统面板

表 2-4-1　垂直系统功能介绍

名　　称	作　　用
POSITION	用于改变波形的垂直位置,按下旋钮可将垂直位置重置为零
CH1	打开或关闭对通道 1 波形的显示
CH2	打开或关闭对通道 2 波形的显示
SCALE	用于改变垂直刻度,即在垂直方向上拉伸或压缩波形,将波形尺寸设置为易于观察的大小
MATH	数学运算菜单
REF	设置或移动参考波形
BUS	设置串行总线

2. 水平系统

水平系统面板如图 2-4-3 所示,用于信号 X 轴各个参数的调节,其功能介绍如表 2-4-2 所示。

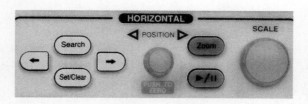

图 2-4-3　水平系统面板

表 2-4-2　水平系统功能介绍

名　称	作　用
POSITION	用于调整波形的水平位置,按下旋钮可将位置重置为零。波形移动时,屏幕上方的位置指示符显示出波形在全记录中的位置
SCALE	用于改变水平刻度,可以在水平方向上拉伸或压缩波形
Zoom	缩放按钮,与水平位置(POSITION)旋钮结合使用,可以在放大一小部分细节的同时,显示其在波形中的总体位置
Search	进入搜索功能菜单,设置搜索类型、源和阈值
▶/‖	播放/暂停键,用于查看每个搜索事件,也用于在 Zoom 模式播放波形
◀▶	方向键,用于引导搜索事件
Set/Clear	当使用搜索功能时,Set/Clear 键用于设置或清除感兴趣的点

3. 功能键

功能面板如图 2-4-4 所示,功能键介绍如表 2-4-3 所示。

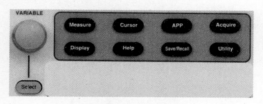

图 2-4-4　功能面板

表 2-4-3　功能键介绍

名　称	作　用
VARLABLE Select	VARLABLE:可调旋钮,用于增加/减少数值或选择参数 Select:用于确认选择
Measure	显示自动测量菜单
Cursor	显示光标菜单,设置和运行光标测量
APP	设置和运行应用
Acquire	采集设置
Display	显示设置
Help	帮助菜单
Save/Recall	用于存储/调取波形、图像、面板设置
Utility	辅助功能设置,可设置 Hardcopy 键,显示时间、语言,探头补偿和校准,进入文件工具菜单

4. 触发控制

触发控制面板如图 2-4-5 所示,用于得到稳定的屏幕显示波形,其功能介绍如表 2-4-4 所示。

表 2-4-4 触发控制面板功能介绍

图 2-4-5 触发控制面板

名 称	作 用
LEVEL	使用边沿触发或脉冲触发时，"电平"旋钮设置采集波形时信号所必须越过的幅值电平。调节此旋钮，改变触发电平幅值，可使显示波形稳定。按下旋钮可使触发电平重置为零
MENU	显示触发菜单
50%	触发电平设置为触发信号幅值的垂直中点
Force-Trig	强制触发，立即强制产生一个触发波形，主要用于触发方式中的"普通"和"单次"模式

5. 执行键

执行键包括以下几个按键：Autoset、Run/Stop、Single、Default（图 2-4-6），其功能介绍如表 2-4-5 所示。

表 2-4-5 执行键功能介绍

图 2-4-6 执行键面板

名 称	作 用
Autoset	根据输入信号自动设置触发、水平刻度和垂直刻度等各项控制值，使波形达到最佳适宜观察的状态。如需要还可进行手动调整。应用自动设置功能时要求被测信号的频率大于或等于 50Hz，占空比大于 1%
Run/Stop	停止(Stop)或继续(Run)采集波形。运行状态时按键为黄色，按下按键时停止采样且按键变为红色。再按一下按键恢复波形采样状态
Single	设置单次触发模式。在单次触发模式下，示波器保持在预触发模式，直至下一次触发点到达。示波器触发后停止采集信号，直至再次按 Single 键或 Run/Stop 键
Default	恢复初始设置

6. 菜单键

菜单键面板如图 2-4-7 所示，7 个底部菜单键位于显示面板底部，用于选择菜单项。5个右侧菜单键用于选择变量或子菜单项。MENU OFF 键用于关闭或隐藏屏幕菜单系统，OPTION 键用于访问已安装的选项，HARDCOPY 键用于一键保存或打印。

菜单键的使用如图 2-4-8 所示。按底部菜单键（标号①所示）进入右侧菜单；按右侧菜单键（标号②所示），进入子菜单选项；使用可调旋钮调节菜单项（标号③所示为选中的菜单项），按 Select 键，进行确认和退出；再次按此底部菜单键，返回右侧菜单。

按右侧菜单键还可进入变量设置，对于用循环箭头标明的变量，可使用可调旋钮进行编辑，方法：按菜单键，循环箭头变亮，使用可调旋钮编辑数值。

按 MENU OFF 键关闭右侧菜单，再按一下按键，关闭底部菜单。再按相关功能键，可以再次显示相应的底部菜单。

7. 其他前面板项

其他前面板项如图 2-4-9 所示。其作用和功能如表 2-4-6 所示。

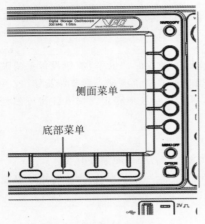

图 2-4-7　菜单键面板

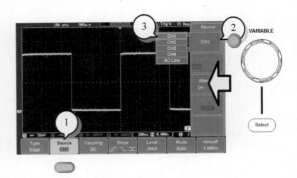

图 2-4-8　菜单键的使用

图 2-4-9　其他前面板项

表 2-4-6　其他前面板项的作用和功能

名　称	作　用
CH1、CH2	输入探头插座,以便输入被测信号,两个通道相互独立,可以输入一路信号,也可以同时输入两路信号
EXT TRIG	外部触发信源的输入连接器
USB 接口	可以和计算机、U 盘相连,用于数据传输,将信号保存起来
探头补偿	输出峰-峰值为 2V、频率为 1kHz 的方波,用于探头补偿调整

8. 屏幕显示

示波器屏幕可以显示被测信号波形,以及关于波形和示波器控制设置的详细信息,如图 2-4-10 所示,各显示含义如表 2-4-7 所示。

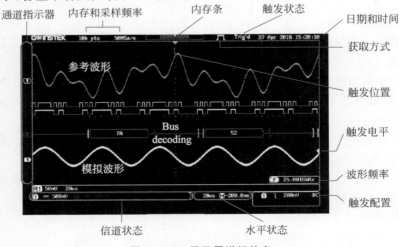

图 2-4-10　显示屏详细信息

表 2-4-7 示波器屏幕各显示含义

模拟波形	显示模拟输入信号波形,CH1 用黄色显示,CH2 用蓝色显示
Bus decoding	显示串行总线波形,以十六进制或二进制表示
参考波形	可以显示参考波形以供参考、比较或其他操作
通道指示器	显示波形对应的输入通道以及波形的零电压准位
触发位置	显示触发位置
水平状态	显示水平刻度和位置
日期和时间	显示当前日期和时间
内存条	显示屏幕中的波形在整个波形中所占比例和位置
触发状态	Trig'd:已触发;PrTrig:预触发;Trig?:未触发,屏幕不更新;Stop:触发停止;Roll:滚动模式;Auto:自动触发
捕获模式	正常模式;峰值侦测模式;平均模式
波形频率	显示触发源频率
触发配置	依次显示为触发源、斜率、电压值、耦合方式
水平状态	显示时基(水平刻度)、波形所处的时间(位置)
通道状态	显示通道、耦合方式、垂直刻度

2.4.2 主要技术指标

1. 一般规格

通道数:2ch+1Ext。

带宽:DC~200MHz(-3dB)。

上升时间:1.75ns。

带宽限制:20/100MHz。

2. 垂直灵敏度

分辨率:8bit,1mV~10V/div。

输入耦合:AC、DC、GND。

输入阻抗:约 1MΩ//16pF。

DC 增益精度:±3%,垂直挡位 2mV/div 或更大;±5%,垂直挡位 1mV/div。

最大输入电压:300Vrms, CAT 1。

偏移位置范围:1~20mV/div,±0.5V。
50~200mV/div,±5V。
500mV/div~2V/div,±25V。
5~10V/div,±250V。

3. 水平灵敏度

时基范围:1ns/div~100s/div (1-2-5 步进)。
滚动模式(ROLL):100ms/div~100s/div,最大 10div。

预触发:最大 10div。

后触发:最大 2 000 000div。

时基精度:±50ppm (≥1ms 时间间隔)。

实时采样率:最大 2GSa/s。

记录长度:每通道 20Mpts。

采集模式：正常,平均,峰值检测,单次。

峰值侦测：2ns(典型值)。

平均值：2~256 可选。

4．触发

触发源：CH1、CH2、line、EXT。

触发模式：自动(支持滚动模式,100ms/div 或更慢),正常,单次。

触发类型：边沿,脉冲宽度(毛刺),视频,矮波(Runt),上升和下降(斜率),交替,超时(Timeout),事件延迟(1~65 535 事件),延时(持续时间,4ns~10s)。

释放范围：4ns~10s。

耦合：AC、DC、LF rej. 、HF rej. 、Noise rej. 。

灵敏度：1div。

2.4.3 基本测量

一、探头的使用

用于连接被测电路与示波器输入端的连接器称为探头,如图 2-4-11 所示。探头由信号线和地线组成,前端为信号输入端,鳄鱼夹为地线。

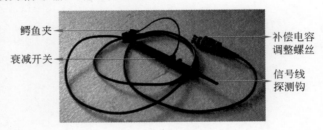

鳄鱼夹 —— 补偿电容 调整螺丝
衰减开关 —— 信号线 探测钩

图 2-4-11 示波器探头

1．探棒衰减系数

标准示波器探头通常在手柄上有一个探头衰减开关,用于 1X 或 10X 衰减选择,开关拨向 1X 挡时,信号是没有经过衰减进入示波器的。而拨向 10X 挡时,信号是衰减到 1/10 进入示波器的,因此当使用探头的 10X 挡时,应当将示波器的读数扩大 10 倍。有的示波器可选择 10X 挡,以配合探头的使用,这样将示波器也设置为 10X 挡,即可直接读数。操作如下。

(1) 按下相应的通道键(CH1 或 CH2)。

(2) 从底部菜单选择"Probe"。

(3) 按右侧菜单"Attenuation",再使用可调旋钮设置衰减系数,或者直接按"Set to 10X"。

当测量较高电压时,就可以利用探头的 10X 功能,将信号衰减后送入示波器,以免损坏示波器。另外,探头 10X 挡的输入阻抗比 1X 挡要高得多,所以在测量高源阻抗的信号波形时,将探头拨到 10X 挡可以更准确地测量。

2．探头补偿

在探头使用前应进行补偿调整,使探头与示波器匹配。调整示波器探头方法为：将探棒连接到 CH1,将信号线探测钩连接到示波器的探头补偿端上(默认输出提供一个 2Vpp、

1kHz 的方波补偿),然后调节水平系统的秒/格旋钮,使波形能够显示 2 个周期左右,调节垂直系统的伏/格旋钮,使波形峰-峰值在 1/2 屏幕高度左右,然后观察方波的上、下两边,看是否水平。如果出现过冲、倾斜等现象,如图 2-4-12 所示,则说明需要调节探头上的补偿电容,用自带调节器或无感小螺丝刀调节之,直到波形上下两边水平为止。

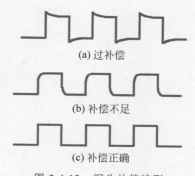

(a) 过补偿

(b) 补偿不足

(c) 补偿正确

图 2-4-12　探头补偿波形

二、耦合方式的选择

输入信号进入示波器,有三种耦合方式,分别是交流、直流、接地。接地即将示波器输入端接地,用于确定输入端为零时光迹所在位置;交流耦合时,直流信号被阻断,只显示输入信号的交流成分;直流耦合时,信号与仪器通道直接联通,当需要观察直流成分或信号频率较低时,应选择直流耦合(自动设置为直流耦合)。步骤如下。

(1) 按相应的通道键(CH1 或 CH2)。

(2) 重复按"耦合(Coupling)"切换耦合模式。"交流(AC)",屏幕显示去掉直流的交流信号,如图 2-4-13(c)所示;"接地(GND)",将零电压准位线作为水平线并显示在屏幕上,如图 2-4-13(d)所示。

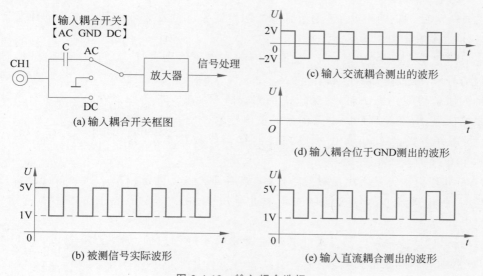

(a) 输入耦合开关框图

(b) 被测信号实际波形

(c) 输入交流耦合测出的波形

(d) 输入耦合位于GND测出的波形

(e) 输入直流耦合测出的波形

图 2-4-13　输入耦合选择

三、触发模式的选择

通过触发设置既可以看到触发前的信号也可以看到触发后的信号。触发将确定示波器开始采集数据和显示波形的时间。正确设置触发后,示波器就能将不稳定的显示结果或空白显示屏转换为有意义的波形,如图 2-4-14(a)所示;反之,如果触发设置不合适,看到的波形在屏幕上来回"晃动",不能停止在屏幕上,或者多个波形交织在一起,无法清楚地显示波形,如图 2-4-14(b)所示。

刚开始使用示波器的新手或对信号的特点不是很了解时,对于多数的信号,按下"自动设置",波形即可稳定显示在屏幕上。"自动设置"是将触发条件自动设置,即示波器根据被测信号的特点自动设置示波器的水平时基、垂直灵敏度、偏置和触发条件,使得波形能显示在示波器上。但是,如果遇到"自动设置"得不到稳定波形或需要观察波形细节等问题,则需要通过调节垂直增益、时基速率、触发源、触发边沿、触发电平等参数完成测试。下面简要介绍触发系统各参数调整方法。

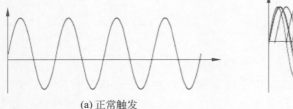 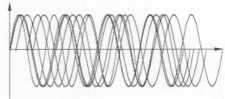

(a) 正常触发　　　　　　　　　　　　(b) 不正常触发

图 2-4-14　触发后的波形显示

(1) 触发类型:"边沿触发"是最常用、最简单、最有效的触发类型,绝大多数的应用都只是用边沿触发来触发波形。边沿触发仅是侦测信号的边沿、极性和电平。当被测信号的电平变化方向与设定相同(上升沿或下降沿),其值变化到与触发电平相同时,示波器被触发,并捕捉波形;其他触发类型可以根据信号的特征选择相应的触发条件,定位感兴趣的波形。

(2) 触发源:即以哪个通道的信号作为触发对象。触发源可以是示波器的任意通道也可以是外部通道。

为显示稳定、清晰的信号波形,触发源一般按以下原则选择:①单通道测试时,触发源与被测信号所在通道一致,例如,信号从 CH1 加入,则触发源应选 CH1,否则波形不稳定。②两个同频信号双路测试时,应选较稳定的或信号强的一路为触发源;③两个有整数倍频率关系的信号,应选频率低的一路作为触发信号源。

(3) 触发方式:MDO-2000A 系列仪器有三种触发方式,分别是正常(Normal)、自动(Auto)和单次捕获(Single)。

"Auto"是指不管是否满足触发条件,示波器都会自动进行扫描,实时刷新波形,当有触发发生时,扫描系统会尽量按信号的频率进行扫描。此时,示波器上的波形看起来是"晃动"的。

"Normal"是指只有当触发条件满足时示波器才进行扫描,如果没有触发,就不进行扫描,示波器则看不到波形更新,静止不动。

"Single"是指当触发事件发生时,仪器仅捕获一次波形,再按一次 Single 键,再捕获一次波形。

对于一些简单的周期信号,选择"自动"模式和"正常"模式在屏幕波形上没有什么不同,观测效果基本一样。"正常"模式主要用于观察波形的细节,特别是复杂的信号。

(4) 触发电平:是指信号需要达到该电平才能被触发。设置任何触发条件都需要有一个具体的触发电平,触发电平可通过调节面板上的 LEVEL 旋钮设置。调节电平旋钮,可使波形显示稳定。如果触发电平超过信号的幅值范围,则波形会在屏幕上来回"晃动"。

四、常见操作

1. 通道激活

按相应的通道键(CH1 或 CH2)激活输入通道。激活后,通道键变亮,同时显示相应的通道菜单,如图 2-4-15 所示。每通道以不同颜色表示,CH1 显示黄色,CH2 显示蓝色。激活通道显示在屏幕底部。

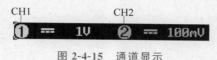

图 2-4-15 通道显示

再次按通道键(CH1 或 CH2)可关闭通道。

2. 自动设置

自动设置功能将输入信号自动调整在面板最佳的视野位置。可以自动设置如下参数:水平刻度、垂直刻度、触发源通道,如图 2-4-16 所示。

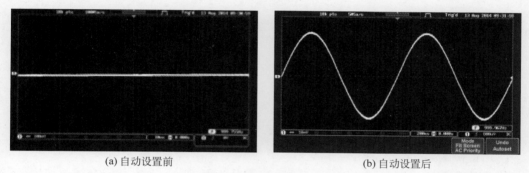

(a) 自动设置前   (b) 自动设置后

图 2-4-16 自动设置

操作:按 Autoset 键,波形键显示在屏幕中心。

接下来还可以从底部菜单选择显示模式,包括适屏模式(Fit Screen Mode)或 AC 优先模式(AC Priority Mode),适屏模式将波形调整到最佳比例,AC 优先模式将波形去除直流成分后再调整比例显示。

再按底部菜单的 Undo Autoset 键,可取消自动设置。

3. 停止/运行

默认情况下,波形持续更新。通过 Run/Stop 键可以停止信号捕获冻结波形,以便灵活观察和分析波形。

按一次 Run/Stop 键,冻结波形,再按一次 Run/Stop 键,取消冻结。停止时按键显示红色,运行时按键显示绿色,并且在屏幕上显示 Stop 或 Run 图标。

还可以通过按 Single 键进入单次触发模式,以触发和停止捕获信号。

4. 水平视图

(1)水平移动波形位置。

旋转水平系统 POSITION 旋钮可左右移动波形,移动波形时,屏幕上方的内存条显示了当前波形所在位置,并且在屏幕下方 H 图标的右侧显示所处时间(Horizontal position),如图 2-4-17 所示。按水平系统 POSITION 旋钮可将位置置 0。

（2）改变水平刻度。

旋转水平系统 SCALE 旋钮，可改变水平刻度（时基），时基（Timebase）显示在屏幕下方 H 图标的左侧，如图 2-4-18 所示。波形尺寸随着刻度的变化而变化，如图 2-4-19 所示。

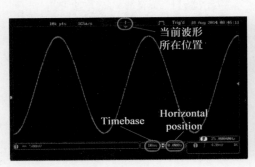

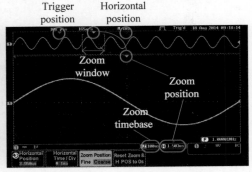

图 2-4-17　水平视图　　　　　　　图 2-4-18　Zoom 模式显示

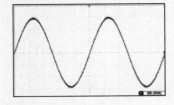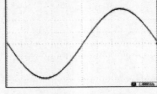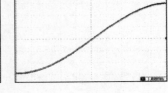

图 2-4-19　不同时基下的波形

（3）水平缩放波形。

按水平系统 Zoom 键，进入 Zoom 模式，屏幕分为两部分：上方显示全记录长度，下方显示正常视图，如图 2-4-18 所示。

改变 Zoom window 范围：使用水平系统 SCALE 旋钮可以增大 Zoom window。

移动 Zoom window：使用水平系统 POSITION 旋钮可以水平移动 Zoom window，按水平系统 POSITION 旋钮可重置位置。

浏览 Zoom window 内的波形：按底部菜单键 Horizontal Position，使用可调旋钮可以左右滚动波形，水平位置显示在 Horizontal Position 图标中。按底部菜单键 Horizontal Time/Div，使用可调旋钮可以改变水平刻度，刻度显示在 Horizontal Time/Div 图标中（底部菜单键的使用见 2.4.1 节）。

5. 垂直视图

（1）垂直移动波形位置。

旋转垂直系统 POSITION 旋钮可上下移动波形。移动波形时，屏幕下方可显示光标的垂直位置。

（2）改变垂直刻度。

旋转垂直系统 SCALE 旋钮可改变垂直刻度，即在垂直方向上拉伸或压缩波形，垂直刻度指示符位于屏幕下方。

五、自动测量

大多数信号都可以通过自动测量得到其波形，以及频率、振幅等基本参数。基本操作步骤如下。

（1）通道激活。详见通道激活操作。另外，该示波器可以同时测量和显示两个通道的信号，需同时激活 CH1 和 CH2。

（2）探棒和耦合模式设置（一般情况下此步骤可忽略）。设置衰减系数、探棒类型，选择耦合方式，详见 2.4.2 节。

（3）自动调整波形位置。详见自动设置操作。另外，在波形不稳定情况下，可通过修改触发设置得到稳定波形，详见触发模式的选择。屏幕上除了显示稳定的被测信号波形外，还可显示频率和振幅等基本参数。

（4）冻结波形。详见停止/运行操作。

（5）手动调整波形，以便观察。详见水平视图和垂直视图。

六、其他参数测量

快速测量电路中一未知信号的周期、频率、峰-峰值及均方根值等参数的步骤如下。

（1）自动测量完成后，按"Measure"按钮，打开测量菜单。

（2）选定测量参数。按底部菜单键"Add Measurement"，从右侧菜单中选择测量类型（方法：通过 VARIABLE 键切换测量类型，再通过 Select 键确定选择），再选择期望增加的测量类型，最多可添加 8 个测量参数。屏幕下方将显示所有的测量值，并通过颜色与通道对应。测量类型包括"V/I""Time""Delay"。V/I 测量类型包括的参数如表 2-4-8 所示。

表 2-4-8　V/I 参数说明

V/I	Pk-Pk		峰-峰值
	Max		正向峰值电压
	Min		负向峰值电压
	Amplitude		整个波形或阈值范围内整体最高与最低电压之差
	High		整体最高电压
	Low		整体最低电压
	Mean		所有采样数据的算术平均值
	Cycle Mean		首个周期内所有采样数据的算术平均值
	RMS		所有采样数据的均方根（有效值）

V/I	Cycle RMS		首个周期内所有采样数据的均方根(有效值)
	Area		波形与基线组成的封闭区域所占的面积
	Cycle Area		第一个周期与基线组成的封闭区域所占的面积
	ROVShoot		上升过激电压
	FOVShoot		下降过激电压
	RPREShoot		上升前激电压
	FPREShoot		下降前激电压

备注：按"Display All"按钮，可显示和更新"V/I""Time"中所有的参数值。

(3) 在选择测量参数时必须选择信号源。在右侧菜单中按"Source1"或"Source2"按钮，来选择或设置信号源。

使用"Remove Measurement"可以随时删除任何一个测量参数。方法如下：

① 按"Measure"按钮；② 选择底部菜单的第二个按钮"Remove Measurement"；③ 按"Select Measurement"按钮，从测量列表中选择期望删除的项目。

按"Remove All"按钮，可以删除所有测量项。

七、统计量、高级运算、光标测量等其他测量操作

1. 统计量测量

用于统计并显示测量结果。可以显示当前测量值、平均值、最大值、最小值、标准差等。

(1) 至少选择一个测量项。

(2) 从底部菜单中选择 Statistics。

(3) 通过右侧菜单和 VARIABLE 旋钮，设置统计平均值和标准差需要的采样点数，范围为 2~1000。

(4) 按 Statistics 开启统计功能。测量项的统计值以列表形式显示在屏幕下，如图 2-4-20 所示。

(5) 按"Reset Statistics"按钮，可重设统计值。

2. FFT 运算

FFT 运算功能完成一个输入信号或参考波形的快速傅里叶变换。结果实时显示在屏幕上。有四种 FFT 视窗：汉宁、汉明、矩形、布莱克曼。FFT 操作如下。

(1) 按 Math 键。

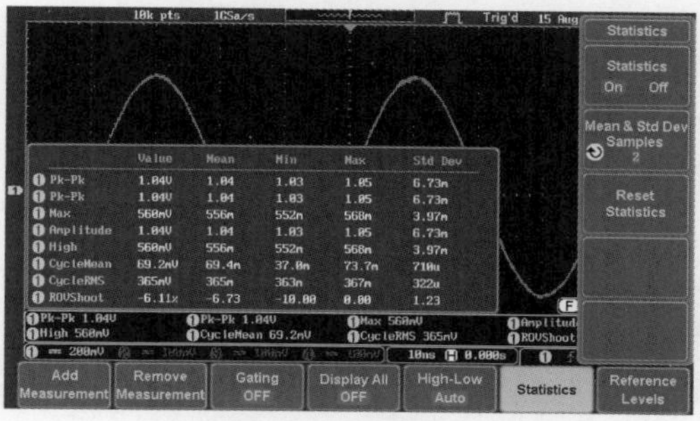

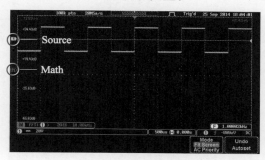

图 2-4-20 统计量测量

（2）从底部菜单中选择 FFT。

（3）从右侧菜单中选择 Source。

（4）从右侧菜单中选择 Vertical Units，设置单位，选项包括 Linear RMS、dBV RMS。

（5）从右侧菜单中选择 Wdow 键，设置 Window 类型，类型包括 Hanning、Hamming、Rectangular、Blackman。

（6）显示 FFT 结果。对于 FFT，如图 2-4-21 所示，水平刻度从时间变成频率，垂直刻度从电压/电流变成 dB/RMS。可手动调整波形位置。

图 2-4-21 FFT 运算

3. 以 XY 模式显示波形

XY 模式将 CH1 的输入映射到 CH2 的输入。以 XY 模式显示波形的操作步骤如下。

（1）将信号连接到 CH1（X 轴）和 CH2（Y 轴）。

（2）确保通道激活（CH1 和 CH2）。

（3）按 Acquire 菜单键。

（4）从底部菜单中选择 XY。

（5）从右侧菜单中选择 Triggered XY。

（6）按 OFF（YT）关闭 XY 模式。

XY 模式分为两个视窗，如图 2-4-22 所示，顶部视窗显示全时域内的信号，底部视窗显示 XY 模式。

可以使用垂直系统 POSITION 旋钮移动 XY 波形位置：通道 1 的旋钮水平移动 XY 波形，通道 2 的旋钮垂直移动 XY 波。XY 模式下仍然可以使用水平位置旋钮和水平刻度旋钮。

4. 光标测量

水平或垂直光标可以显示任意波形位置处的测量值以及运算操作结果。

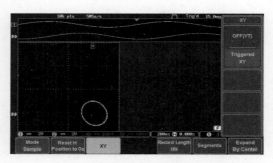

图 2-4-22　XY 模式显示波形

1) 设置水平光标

(1) 按一次 Cursor 键,进入水平光标设置。

(2) 从底部菜单中选择 H Cursor(水平光标)。

(3) 重复按 H Cursor 或 Select 键,切换光标类型。光标类型说明如表 2-4-9 所示。

表 2-4-9　水平光标类型说明

┆ ┊	左光标(❶)可移动,右光标位置固定
┊ ┆	右光标(❷)可移动,左光标位置固定
┊ ┊	左右光标(❶＋❷)同时可移动

(4) 按 H Unit 选择水平方向上的单位。单位包括 s、Hz、%、°(相位)。

(5) 使用 Variable 旋钮左/右移动光标到所期望的位置。

(6) 光标测量信息显示在屏幕左上角。如图 2-4-23 所示,左上角信息分别显示了两光标的水平位置、该位置处的测量值,以及两光标之间的数值差。

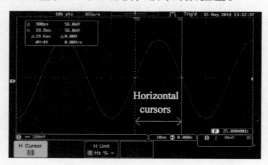

图 2-4-23　水平光标测量

2) 设置垂直光标

(1) 按两次 Cursor 键,进入垂直光标设置。

(2) 从底部菜单中选择 V Cursor(垂直光标)。

(3) 重复按 V Cursor 或 Select 键切换光标类型。光标类型说明如表 2-4-10 所示。

表 2-4-10　垂直光标类型说明

----- ─────	上光标可移动,下光标位置固定
───── -----	下光标可移动,上光标位置固定
───── ─────	上下光标同时可移动

（4）按 V Unit 可改变垂直方向上的单位。单位包括 Base、％。

（5）使用 VARIABLE 旋钮上／下移动光标到所期望的位置。

（6）光标位置信息显示在屏幕左上角。如图 2-4-24 所示，左上角信息分别显示了两光标的水平位置、两垂直光标对应的测量值以及两光标间的数值差。

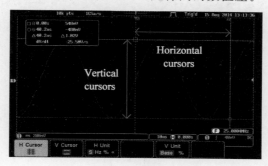

图 2-4-24　垂直光标测量

第 3 章

模拟电子技术基础实验

3.1 无线电收发系统组装与调试

　　收音机是最常用的家用电器之一,也是一种典型的无线电收发系统,包含接收、放大、变频和检波等收发基本步骤。通过本次实验,我们不仅可以初步掌握焊接技术,而且可以在了解收音机的无线电收发基本工作原理的基础上,学会安装、调试、使用收音机,并学会排除一些常见故障。

　　以七管中波调幅袖珍式半导体收音机(HX108-2 AM)为例,它采用全硅管标准二级中放电路,用两个二极管正向压降稳压电路,稳定从变频、中频到低放阶段的工作电压,不会因为电池电压降低而影响接收灵敏度,使收音机仍能正常工作。

3.1.1 调幅工作原理

一、工作方框图

收音机的工作框图如图 3-1-1 所示。

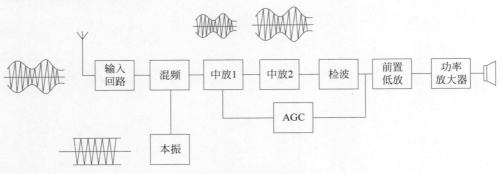

图 3-1-1　收音机的工作框图

二、工作原理

　　收音机的原理图如图 3-1-2 所示,当调幅信号感应到 B_1 及 C_1 组成的天线调谐回路,选出所需的电信号 f_1 进入 V_1(9018H)三极管基极;本振信号调谐在高出 f_1 频率一个中频

的 f_2(f_1+465kHz)中,例:f_1=700kHz 则 f_2=(700+465)kHz=1165kHz 进入 V_1 发射极,由 V_1 三极管进行变频,通过 B_3 选取出 465kHz 中频信号,经 V_2 和 V_3 两级中频放大,进入 V_4 检波管,检出音频信号经 V_5(9014)低频放大和由 V_6、V_7 组成功率放大器进行功率放大,推动扬声器发声。图中 D_1、D_2(IN4148)组成 1.3V±0.1V 稳压,固定变频、一中放、二中放、低放的基极电压,稳定各级工作电流,以保持灵敏度。由 V_4(9018H)三极管 PN 结用作检波。R_1、R_4、R_6、R_{10} 分别为 V_1、V_2、V_3、V_5 的工作点调整电阻,R_{11} 为 V_6、V_7 功放级的工作点调整电阻,R_8 为中放的 AGC 电阻,B_3、B_4、B_5 为中周(内置谐振电容),既是放大器的交流负载又是中频选频器,该机的灵敏度、选择性等指标靠中频放大器保证。B_6、B_7 为音频变压器,起交流负载及阻抗匹配的作用。

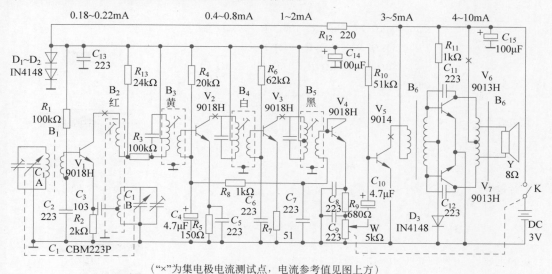

("×"为集电极电流测试点,电流参考值见图上方)

图 3-1-2 收音机的原理图

三、工作电路

收音机的印制电路板如图 3-1-3 所示,在电路板上,黄色的部分表示覆了铜膜,如果通孔之间覆了铜膜,表示通孔是连接在一起的。

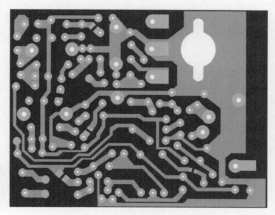

图 3-1-3 收音机的印制电路板

彩图

3.1.2 清点元器件

一、元器件清单

按元器件清单(表 3-1-1)清点元器件,记清每个元器件的名称与外形。清点时,可以将机壳后盖当容器,将所有的东西都放在里面,以免元器件丢失,清点完后请将材料分类放好备用。特别提醒,根据色环标志表确定电阻阻值,同时根据电容的标示方法确定电容容值;如色环或者标示不清楚可用万用表测定。

表 3-1-1 主要电子元器件清单

名　　称	数量及种类	外　　形
电阻	R_1-100kΩ,R_2-2kΩ,R_3-100Ω,R_4-20kΩ, R_5-150kΩ,R_6-62kΩ,R_7-51Ω,R_8-1kΩ, R_9-680Ω,R_{10}-51kΩ,R_{11}-1kΩ,R_{12}-220Ω R_{13}-24kΩ	
二极管	3 个	
瓷片电容	9 个 0.022μF,1 个 0.01μF	
电解电容	2 个 100μF,2 个 4.7μF	
电位器	1 个 5kΩ	
双联 CBM223P	1 个	
中周	4 个	
变压器	2 个	

续表

名　称	数量及种类	外　形
三极管	4 个 9018H，3 个 9013H	
线圈和磁棒	1 套	
磁棒支架	1 个	
扬声器	1 个	

二、万用表检测

用万用表检测部分元器件好坏，如表 3-1-2 所示。

表 3-1-2　元器件测量内容

类　别	测 量 内 容	万用表量程
电阻 R	电阻值	×10、×100、×1k
电容 C	电容绝缘电阻	×10k
三极管 h_{fe}	晶体管放大倍数 9018H（97～146） 9014C（200～600）、9013H（144～202）	h_{fe}
二极管	正、反向电阻	×1k
中周	 初次级为无穷大	×1
输入变压器（蓝色）		×1
输出变压器（红色）	自耦变压器无初次级	×1

3.1.3 焊接组装的注意事项

（1）需要注意二极管、三极管的极性，不要焊反。

（2）输入（绿色、蓝色），输出（黄色）变压器不能调换位置。

（3）红中周 B_2 插件外壳应弯脚焊牢，否则会造成卡调谐盘。

（4）中周外壳均应用锡焊牢，特别是 B_3 黄中周外壳一定要焊牢。

焊接和组装完成的收音机如图 3-1-4 所示。

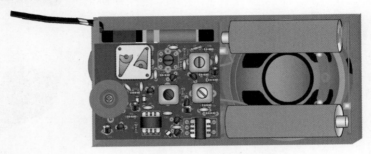

图 3-1-4　焊接和组装完成的收音机

3.1.4 调试说明

一、仪器设备

①稳压电源（3V/200mA 或 2 节 5 号电池）；②高频信号发生器；③示波器；④毫伏表（或同类仪器）；⑤圆环天线（调 AM 用）；⑥无感应螺丝刀。

二、仪器连接框图

仪器连接框图如图 3-1-5 所示。

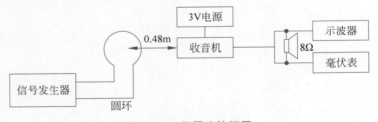

图 3-1-5　仪器连接框图

三、调试步骤

1. 通电调试

在元器件装配焊接无误及机壳装配好后，将机器接通电源，应在 AM 能收到本地电台后，即可进行调试工作。

2. 中频调试（仪器连接如图 3-1-5 所示）

首先将双联旋至最低频率点，信号发生器置于 465kHz 频率处，输出场强为 10mV/m，调制频率为 1000Hz，调幅度为 30%，收到信号后，示波器有 1000Hz 波形，用无感应螺丝刀依次调节黑-白-黄三个中周，且反复调节，使其输出最大，465kHz 中频即调好。

3. 覆盖及统调调试

(1) 覆盖将信号发生器置于520kHz,输出场强为5mV/m,调制频率为1000Hz,调制度为30%,双联调到低端,用无感应螺丝刀调节红中周(振荡线圈),收到信号后,再将双联旋到最高端,信号发生器置于1620kHz频率处,调节双联振荡联微调左上角的电容,收到信号后,再重复双联旋至低端,调红中周,高低端反复调整,直至低端频率为520kHz,高端频率为1620kHz为止。

(2) 统调:将信号发生器置于600kHz频率处,输出场强为5mV/m左右,调节收音机调谐旋钮,收到600kHz信号后,调节中波磁棒线圈位置,使输出最大然后将信号发生器旋至1400kHz,调节收音机,直至收到1400kHz信号后,调双联微调右下角的电容,使输出为最大,重复调节600~1400kHz统调点,直至两点均为最大为止。

(3) 在中频、覆盖、统调结束后,机器即可收到高、中、低端电台,且频率与刻度基本相符。

3.1.5 没有仪器情况下的调整方法

一、调整中频频率

本套件所提供的中频变压器(中周),出厂时都已调整在465kHz(一般调整范围在半圈左右),因此调整工作较简单。打开收音机,随便在高端找一个电台,先从中周B_5开始,然后B_4、B_3用无感应螺丝刀(可用塑料、竹条或者不锈钢制成)向前顺序调节,调节到声音响亮为止,由于自动增益控制作用,人耳对音响变化不易分辨的缘故,收听本地电台当声音已调节到很响时,往往不易调精确,这时,可以改收较弱的外地电台或者转动磁性天线方向以减小输入信号,再调到声音最响为止。按上述方法从后向前的次序反复细调两三遍至最佳即告完成。

二、调整频率范围(对刻度)

1. 调低端

在550~700kHz范围内选一下电台。例如中央人民广播电台在640kHz,参考调谐盘指针在640kHz的位置,调整B_2,便收到这个电台,并调至声音较大。这样当双联全部旋进容量最大时的接收频率为525~530kHz,低端刻度就对准了。

2. 调高端

在1400~1600kHz范围内选一个已知频率的广播电台,例如1500kHz,再将调谐盘指针指在周率板刻度1500kHz这个位置,调节振荡回路中双联顶部左上角的微调电容,使这个电台在这位置声音最响。这样,当双联全旋出容量最小时,接收频率必定为1620~1640kHz,高端就对准了。

以上两步需反复两三次,频率刻度才能调准。

三、统调

利用最低端收到的电台,调整天线线圈在磁棒上的位置,使声音最响,以达到低端统调。

利用最高端收听到的电台,调节天线输入回路中双联顶部右下角的微调电容,使声音最响,以达到高端统调。

3.1.6　组装调整中易出现的问题

一、变频部分

判断变频级是否起振，用万用表直流 2.5V 挡正表笔接 V_1 发射级，负表笔接地，然后用手摸双联振荡联（即连接 B_2 端），万用表指针应向左摆动，说明电路工作正常，否则说明电路中有故障。变频级工作电流不宜太大，否则噪声大。红色振荡线圈外壳两脚均应焊牢，以防调谐盘卡盘。

二、中频部分

中频变压器序号位置搞错，结果是灵敏度和选择性降低，有时有自激。

三、低频部分

输入、输出位置搞错，虽然工作电流正常，但音量很低，V_6、V_7 集电极（c）和发射极（e）搞错，工作电流调不上，音量极低。

3.1.7　收音机检测修理方法

一、检测前提

安装正确，元器件无差错、无缺焊、无错焊及搭焊。

二、检查要领

一般由后级向前检测，先检查低功放级，再看中放和变频级。

三、检测修理方法

1. 整机静态总电流测量

本机静态总电流≤25mA，无信号时，若大于 25mA，则该机出现短路或局部短路，无电流则电源没接上。

2. 工作电压测量，总电压 3V

正常情况下，D_1、D_2 两个二极管电压在 1.3V±0.1V，此电压大于 1.4V 或小于 1.2V 时，此机均不能正常工作。此电压大于 1.4V 时，二极管 IN4148 可能极性接反或已坏，检查二极管。此电压小于 1.3V 或无电压应检查：

（1）电源 3V 有无接上。

（2）R_{12} 电阻（220Ω）是否接对或接好。

（3）中周（特别是白中周和黄中周）初级与其外壳短路。

3. 变频级无工作电流

检查点：

（1）无线线圈次级未接好。

（2）V_1（9018H）三极管已坏或未按要求接好。

（3）本振线圈（红）次级不通，R_3（100Ω）虚焊或错焊接了大阻值电阻。

（4）电阻 R_1（100kΩ）和 R_2（2kΩ）接错或虚焊。

4. 一中放无工作电流

检查点：

（1）V_2 晶体管损坏或 V_2 引脚插错（e、b、c 脚）。

（2）R_4（20kΩ）电阻未接好。

（3）黄中周次级开路。

（4）C_4（4.7μF）电解电容短路。

（5）R_5（150Ω）开路或虚焊。

5. 一中放工作电流大，1.5～2mA（标准是 0.4～0.8mA）

检查点：

（1）R_8 1kΩ 电阻未接好或连接 1kΩ 的铜箔有断裂现象。

（2）C_5（233）电容短路或 R_5（150Ω）电阻错接成 51Ω。

（3）电位器坏，测量不出阻值，R_9（680Ω）未接好。

（4）检波管 V_4（9018H）损坏，或引脚插错。

6. 二中放无工作电流

检查点：

（1）黑中周初级开路。

（2）黄中周次级开路。

（3）晶体管损坏或引脚接错。

（4）R_7（51Ω）电阻未接上。

（5）R_6（62kΩ）电阻未接上。

7. 二中放电流太大，大于 2mA

检查点：R_6（62kΩ）接错，阻值远小于 62kΩ。

8. 低放级无工作电流

检查点：

（1）输入变压器（蓝）初级开路。

（2）V_5 三极管损坏或接错引脚。

（3）电阻 R_{10}（51kΩ）未接好或三极管引脚错焊。

9. 低放级电流太大，大于 6mA

检查点：R_{10}（51kΩ）装错，电阻太小。

10. 功放级无电流（V_6、V_7 管）

检查点：

（1）输入变压器次级不通。

（2）输出变压器不通。

（3）V_6、V_7 三极管损坏或接错引脚。

（4）R_{11}（1kΩ）电阻未接好。

11. 功放级电流太大，大于 20mA

检查点：

（1）二极管 D_4 损坏或极性接反，引脚未焊好。

（2）R_{11}（1kΩ）电阻装错了，用了小电阻（远小于 1kΩ 的电阻）。

12. 整机无声

检查点：

(1) 检查电源有无加上。

(2) 检查 D_1、D_2(IN4148 两端是否是 $1.3V\pm0.1V$)。

(3) 有无静态电流≤25mA。

(4) 检查各级电流是否正常,变频级 $0.2mA\pm0.02mA$;一中放 $0.6mA\pm0.2mA$;二中放 $1.5mA\pm0.5mA$;低放 $3mA\pm1mA$;功率放大器 $4mA\pm10mA$(说明:15mA 左右属正常)。

(5) 用万用表×1挡测查喇叭,应有 8Ω 左右的电阻,表笔接触扬声器引出接头时应有"喀喀"声,若无阻值或无"喀喀"声,说明扬声器已坏(测量时应将扬声器焊下,不可连机测量)。

(6) B_3 黄中周外壳未焊好。

(7) 音量电位器未打开。

用万用表 Q×1黑表笔接地,红表笔从后级往前寻找,对照原理图,从扬声器开始顺着信号传播方向逐级往前碰触,扬声器应发出"喀喀"声。当碰触到哪级无声时,则故障就在该级,可用测量工作点是否正常,并检查各元器件,有无接错、焊错、搭焊、虚焊等。若在整机上无法查出该元件好坏,则可拆下检查。

3.1.8　考核要点

(1) 收音机是否正常工作。

(2) 无错装、漏装。

(3) 焊点大小合适、美观,无虚焊。

(4) 器件无丢失损坏。

(5) 调试符合要求。

思考题

1. 以有无极性分类 3.1 实验中使用的元器件。

2. 简述二极管和三极管极性的判断方法。

3. 简述调幅收音机和调频收音机的区别。

4. 简述收音机检查、测试及故障排除的基本方法。

3.2　常用电子仪器仪表的使用实验

一、实验目的

1. 熟悉实验环境和实验仪器。

2. 掌握常用电子仪器仪表的工作原理。

3. 掌握常用电子仪器仪表的使用方法。

二、实验仪器

1. 多功能混合域示波器 MDO-2202AG。

2. 多通道函数信号发生器 MFG-2220HM。

3. 双显测量万用表 GDM-8352。

4. 直流稳压电源 GPD-3303D。

三、实验原理

在电子技术实验中,经常需要对各种电子仪器进行综合使用,可按照电流流向,以接线简洁、调节顺手、观察与读数方便等原则进行合理布局。接线时注意,为防止外界干扰,各仪器的公共接地端应连接在一起,称为共地。

1. 函数信号发生器

多通道函数信号发生器 MFG-2220HM 如图 3-2-1 所示。

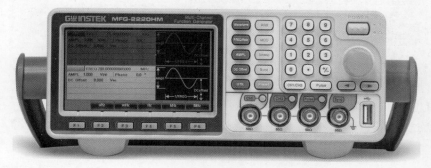

图 3-2-1 多通道函数信号发生器 MFG-2220HM

MFG-2220HM 面板介绍见 2.3 节。

函数信号发生器可以根据需要输出正弦波、方波、三角波、脉冲波及各种调制波等波形。输出信号的参数均可调节。

操作要领如下。

(1) 激活通道(按"CH1/CH2"或"Pulse"键)。

(2) 根据屏幕右侧按键,选择按"Waveform""FREQ/Rate""AMPL""DC Offset"等按键,分别进入波形选择、频率设置、幅值设置、直流偏置设置。

(3) 进入参数设置界面后,位于参数窗口处的相应参数会变亮,使用数字键、方向键和可调旋钮,以及屏幕下方的功能键设置参数值和单位。

(4) 通过屏幕右侧"MOD"键可产生调制波,编辑调制波参数。

(5) 按通道输出键,输出波形。

2. 示波器

多功能混合域示波器 MDO-2202AG 如图 3-2-2 所示。

MDO-2202AG 面板介绍见 2.4 节。

示波器是用于观察和测量信号的波形及参数的设备。多功能混合域示波器 MDO-2202AG 可以同时对两个输入信号进行观测和比较。

操作要领如下。

(1) 激活通道,可单独激活 CH1 或 CH2,亦可同时激活 CH1 和 CH2。

(2) 为了使波形达到最佳的观察状态,使用自动设置。按"Autoset"键,波形自动调整到面板最佳的视野位置,自动设置的参数包括水平刻度、垂直刻度、触发源通道。

(3) 为了在屏幕上显示稳定的波形,可使用"Single"键改变触发模式为单次触发,也可

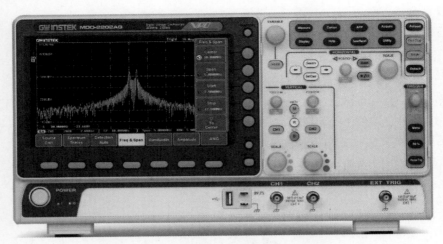

图 3-2-2　多功能混合域示波器 MDO-2202AG

以使用"RUN/STOP"键冻结波形。

（4）通过水平系统（图 3-2-3）和垂直系统（图 3-2-4）可手动调节波形位置和刻度，以便观察。

图 3-2-3　水平系统

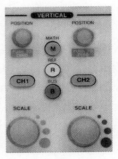

图 3-2-4　垂直系统

① 旋转水平系统"POSITION"旋钮可左右移动波形。

② 旋转水平系统"SCALE"旋钮可改变水平刻度（时基），水平方向上波形尺寸随刻度的变化而变化。时基为屏幕上横向每格代表的时间，根据波形一个周期在水平轴上占据的格数，即可得到信号周期 $T=$ 时基×格数。

③ 旋转垂直系统"POSITION"旋钮可上下移动波形。两个"POSITION"旋钮分别控制 CH1、CH2 通道波形的垂直位置。

④ 旋转垂直系统"SCALE"旋钮可改变垂直刻度，即在垂直方向上拉伸或压缩波形。两个"SCALE"按钮分别控制 CH1、CH2 通道波形的垂直刻度。垂直刻度为屏幕上纵向每格代表的值，观察被测波形的高度（峰-峰）在屏幕中轴上占据的格数，即可得到信号的幅度 $V_{P-P}=$ 垂直刻度×格数（注意：被测信号若使用 10∶1 挡探头输入，测得值应乘以 10）。

（5）使用自动测量时，屏幕上可以读出频率、幅值等基本参数，其他参数可通"Measuer"键进行测量设置。

（6）用示波器可以测量两个同频率信号之间的相位关系。

（7）示波器亦可进行统计、FFT 运算、XY 模式、光标、两信号的数学运算等的测量。

3. 直流稳压电源

直流稳压电源 GPD-3303D 如图 3-2-5 所示。

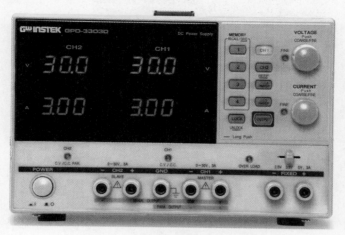

图 3-2-5　直流稳压电源 GPD-3303D

GPD-3303D 面板介绍见 2.2 节。

GPD-3303D 和 GPD-4303S 均属于直流稳压电源 GPD-X303 系列型号,其操作要领基本相同。

GPD-4303 系列可提供 4 组独立的直流稳压电源:CH1、CH2 每个通道可独立输出 0~30V/0~3A 的电源,也可进行串联或并联输出,扩大输出范围;CH3 通道可输出 0~5V/0~3A 或者 5.001~10V/0~1A 的电源;CH4 通道输出电源的额定值为 5V/1A。

GPD-3303 系列可提供 3 组独立的直流稳压电源,CH3 可选电压为 2.5V、3.3V、5V,无 CH4 通道。

仪器可根据负载情况自动切换恒压(CV)源模式和恒流(CC)源模式。当输出电流低于设定值时,电压值保持设定值,电流值根据负载条件变动,是恒压源模式。当实际输出电流需求大于设定值时,电流维持在设定值,此时实际输出电压低于设定值,是恒流源模式。

操作要领如下。

(1)打开电源,确认"OUTPUT"开关置于关断状态。

(2)通过"PARA/INDEP"键和"SER/INDEP"键的亮灭确定输出模式。两个键都不亮属于独立输出模式;"PARA/INDEP"键亮属于并联输出模式;"SER/INDEP"键亮属于串联输出模式。

(3)通道键切换通道,进行通道输出设置。方法:使用电压调节旋钮"VOLTAGE"和电流调节旋钮"CURRENT"调节电压和电流值,按旋钮开关可将粗调模式转换为细调模式。

(4)根据输出模式和输出端口连接负载。

(5)打开输出开关。

4. 万用表

双显测量万用表 GDM-8352 如图 3-2-6 所示。

GDM-8352 面板介绍见 2.1 节。

GDM-8352 是一款便携式的双显数字万用表,适合广大应用领域。直流电压测量精度

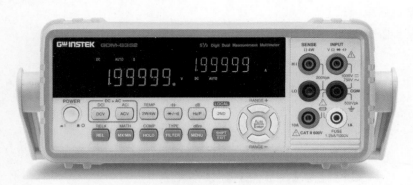

图 3-2-6 双显测量万用表 GDM-8352

为 0.012%,电流测量范围为 10A,电压测量范围为 1000V,频率响应范围为 100kHz。

操作要领如下。

(1) 按相应的功能键,选择测量功能,包括 DCV/DCI、ACV/ACI、电阻/温度、二极管或连通性/电容、频率或周期/dB 等常用测量项目,以及其他高级测量项目。每个按键包括两种测量功能,直接按任一功能键,开启第一种测量功能,同时按"SHIFT"加功能键开启第二种测量功能。

(2) 按照测量项,选择相应的插孔进行测试线的连接。

(3) 可使用"Auto"键盘自动选择量程挡位,或使用"上/下"键手动选择量程挡位。若挡位不确定,可选择最大量程挡位。

(4) 显示屏分为主屏(左)和次屏(右),单测量时,通常主屏显示测量结果,次屏显示量程挡位。

(5) GDM-8352 提供双测量模式,可同时测量和观察两个不同的测量结果,分别显示在主屏和次屏;通过长按"2ND"键开启和关闭双测量模式;通过短按"2ND"键切换主、次测量设置。

(6) 还可进行功率测量、数学运算测量、比较测量、Hold 测量等。

四、预习要求

结合第 2 章常用仪器仪表的使用预习实验内容,回答下列问题。

1. 总结各仪器仪表的用途。

2. 简述使用函数信号发生器产生一定频率、一定幅度的正弦波的步骤。

3. 简述实验中示波器的使用方法。

4. 简述实验中万用表的使用方法。

5. 简述实验中直流稳压电源的使用方法。

五、实验内容

1. 实验步骤

(1) 利用函数信号发生器和示波器,产生和测量 10kHz、5Vpp 的正弦波,测量其频率、振幅、最大值、最小值、均方根值。

(2) 利用函数信号发生器和示波器,同时产生两个同频率的正弦波(CH1:10kHz、5Vpp;CH2:10kHz、200mVpp、相位 60°),测量两个波形的相位差。

（3）利用直流稳压电源和双显测量万用表，产生和测量 12V 的直流电压。

（4）利用直流稳压电源和双显测量万用表，产生和测量 40V 的直流电压。

2. 注意事项

（1）探头开关拨向 10X 挡时，信号衰减到 1/10 进入示波器，因此当使用探头的 10X 挡时，应当将示波器的读数扩大 10 倍。有的示波器可选择 10X 挡，以配合探头的使用，这样将示波器也设置为 10X 挡，即可直接读数。

（2）在首次探头使用前应进行补偿调整，使探头与示波器匹配。

（3）函数发生器的输出阻抗可以设置为高阻（High Z）或 50Ω。高阻时幅度是 50Ω 时的 2 倍。

（4）接线时注意，为防止外界干扰，各仪器的公共接地端应连接在一起，称共地。

3. 实验示例

1）函数信号发生器和示波器的应用一

函数信号发生器和示波器的连接如图 3-2-7 所示。

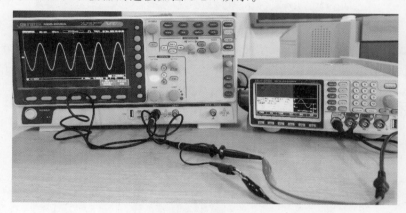

图 3-2-7 测试线连接

（1）按函数信号发生器"CH1/CH2"键，切换至 CH1 通道；同时按下示波器"CH1"键，激活 CH1 通道。

（2）按函数信号发生器显示屏右侧"Waveform"键，进入波形设置，如图 3-2-8 所示，按显示屏下方第 1 个功能键"F1"，选择正弦波"sine"。

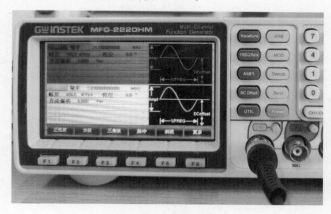

图 3-2-8 波形选择

（3）按函数信号发生器显示屏右侧"FREQ/Rate"键，进入频率设置，如图 3-2-9 所示。按数字键【1】【0】，设置频率大小，按显示屏下方"kHz"对应的按键，选择"kHz"作为频率单位。

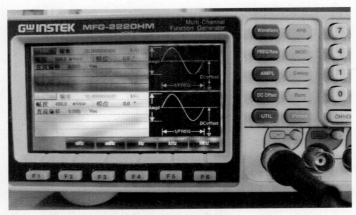

图 3-2-9　频率设置

（4）按函数信号发生器显示屏右侧"AMPL"键，进入幅度设置，如图 3-2-10 所示，按数字键【5】，设置幅值大小，按显示屏下方"Vpp"对应的按键，选择"Vpp"作为幅值单位。

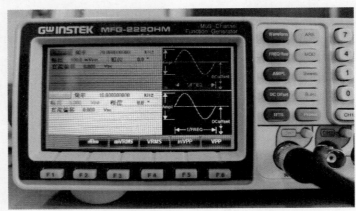

图 3-2-10　幅值设置

（5）按函数信号发生器 CH1 输出键，再按示波器"Autoset"键，如图 3-2-11 所示，波形显示在屏幕中心。

（6）使用示波器水平系统和垂直系统调节波形位置和刻度，以便观察，如图 3-2-12 所示。从示波器屏幕上读出频率为 10.0001kHz，峰-峰值约为 1V×5（垂直刻度×格数）。

（7）示波器按"Measure"键，打开自动测量菜单。

（8）按底部菜单 "增加测量项"或者"选择测量项"，右侧菜单按"Source"按钮，设置信号源为 CH1，接着右侧菜单按"电压/电流"，再使用 Variable 可调旋钮从子菜单中选择"均方根值"，按"Select"键确认选择。可按此方法增加峰-峰值、最大值、最小值、振幅、频率等多个测量参数，再按"Measure"键，显示测量结果，如图 3-2-13 所示。

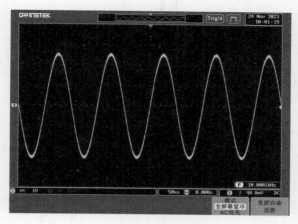

图 3-2-11 自动设置

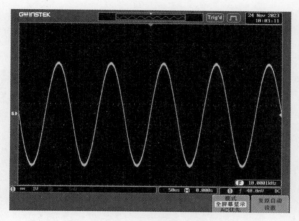

图 3-2-12 调节波形位置和刻度

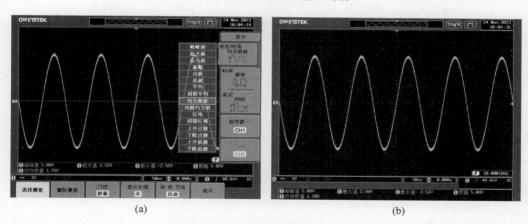

(a)　　　　　　　　　　　　　　(b)

图 3-2-13 参数测量显示

2）函数信号发生器和示波器的应用二

按图 3-2-14 所示的方式连接函数信号发生器和示波器。

（1）按函数信号发生器"CH1/CH2"键，切换至 CH1 通道，按上一个实验内容中步骤
（2）～（5）的方法设置 CH1 参数。

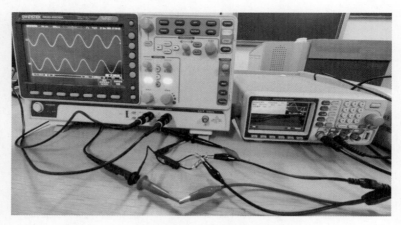

图 3-2-14　测试线连接图

（2）按函数信号发生器"CH1/CH2"键，切换至 CH2 通道，按显示屏下方"相位"键，进入相位设置，设置相位为 60°，再按上一个实验内容中步骤（2）～（5）的方法设置 CH2 的波形、频率、幅值等参数，如图 3-2-15 所示。

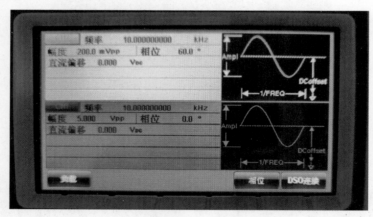

图 3-2-15　CH2 参数设置

（3）按示波器"Autoset"键，波形显示在屏幕中心。

（4）使用示波器水平系统和垂直系统调整波形位置和刻度，以便观察视野最佳。

（5）使用光标测量相位差。方法：按"Cursor"键，进入水平光标设置；按屏幕下方"水平光标"按钮切换光标模式，并结合使用可调旋钮"Variable"把光标调到如图 3-2-16 所示的位置；按"水平单位"键，选择"°"为单位；按"设定光标"键，设置两光标间的相位差为 360°；再次按屏幕下方"水平光标"按钮切换光标模式，并结合使用可调旋钮"Variable"把光标调到如图 3-2-17 所示的位置，从示波器上读出两信号的相位差为 60.5°。

3）直流稳压电源和双显测量万用表的应用一

（1）确认直流稳压电源的"OUTPUT"开关置于关断状态（按键灯不亮），确定"SER/INDEP"键和"PARA/INDEP"键关闭（按键灯不亮）。

（2）按直流稳压电源"CH1"键，打开 CH1 通道设置，使用电压调节旋钮设置电压为12V，使用电流调节旋钮设置最大电流为 3A。

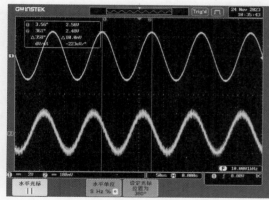

图 3-2-16 水平光标设置 1

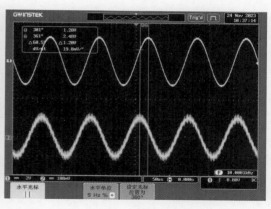

图 3-2-17 水平光标设置 2

（3）按双显测量万用表"DCV"键，设置为直流电压测量模式。

（4）按图 3-2-18 所示连接万用表和直流稳压电源。直流稳压电源的设置如图 3-2-18 所示，输出电压为 12V，输出电流限制在 2A，当电流大于 2A 时，变为恒流源输出。万用表测量模式为直流电压（DC）。

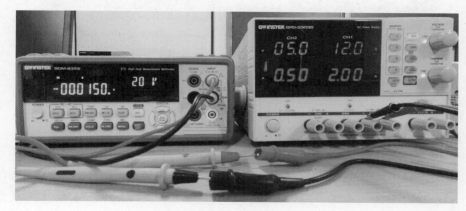

图 3-2-18 测试线连接图

（5）打开直流稳压电源"OUTPUT"开关，CH1 指示灯显示 CV 模式（亮绿灯）。

（6）按双显测量万用表"Auto"键，自动选定电压测量挡位，或者按上/下键手动选择挡位。

（7）读值。万用表量程 20V、使用直流电压（DC）测量模式，屏幕刷新速度慢（S），测量值为 11.9492V。直流稳压电源输出电压为 11.9V，电流为 0A，CH1 指示灯为绿灯，输出模式为恒压模式，如图 3-2-19 所示。

4）直流稳压电源和双显测量万用表的应用二

（1）确认直流稳压电源的"OUTPUT"开关置于关断状态（按键灯不亮），打开"SER/INDEP"键（按键灯亮）。

（2）按直流稳压电源的"CH2"键，使用电流调节旋钮设置 CH2 最大电流为 3A。

（3）按直流稳压电源的"CH1"键，打开 CH1 通道设置，使用电压调节旋钮设置电压为 20V，使用电流调节旋钮设置电流为 2A。

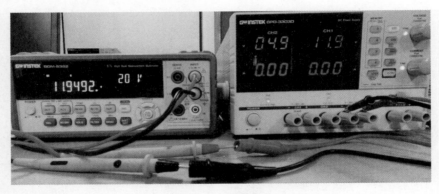

图 3-2-19　测量显示

（4）按双显测量万用表"DCV"键，设置为直流电压测量模式。

（5）测试线连接方式按图 3-2-20 所示连接直流稳压电源和万用表。

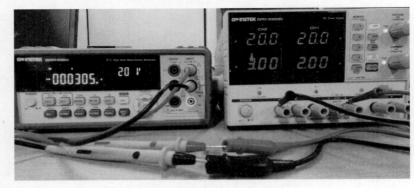

图 3-2-20　测试线连接图

（6）打开直流稳压电源"OUTPUT"开关，CH1 指示灯显示 CV 模式。

（7）按直流稳压电源"Auto"键，自动选定电压测量挡位，或者按上/下键，手动选择挡位。

（8）读值。万用表：量程自动设置值为 200V，测量结果为 39.928V，使用直流电压
（DC）测量模式，屏幕刷新速度慢（S）。直流稳压电源：输出电压为 20V×2，电流为 0A，
CH1 指示灯为绿灯，输出模式为恒压模式，如图 3-2-21 所示。

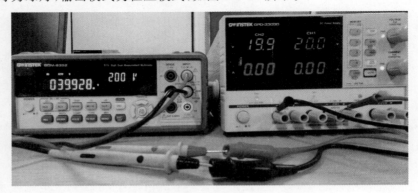

图 3-2-21　测量表显示

六、实验报告

分别将实验数据填入表 3-2-1～表 3-2-4。

实验报告

表 3-2-1 示波器测量 10kHz、5Vpp 正弦波的测量结果 1

示波器波形	频率	振幅	最大值	最小值	均方根

表 3-2-2 两同频正弦波相位差测量结果 2

示波器波形	频率	振幅	相位差
		CH1＝	
		CH2＝	

表 3-2-3 直流稳压电源输出

12V 直流稳压电源输出显示	40V 直流稳压电源输出显示

表 3-2-4 万用表测量结果

12V 电源被测结果（单位：V）	40V 电源被测结果

思考题

1. 简述示波器测量时光标测量参数的使用方法。
2. 简述直流稳压电源并联输出模式使用方法。

3. 简述使用双显测量万用表进行电流测量、电阻测量、二极管测量、短路测量的测量方法。

3.3 晶体管共射极放大电路

3.3.1 基础实验

一、实验目的

1. 熟悉单管共射极放大电路的调试方法,理解静态工作点对基本放大电路的影响。

2. 掌握放大电路电压放大倍数、输入电阻、输出电阻以及最大不失真输出电压的测量方法。

3. 熟悉常用电子测量仪器仪表的使用方法。

4. 掌握电子仿真软件 Multisim 的使用方法。

5. 了解晶体管放大电路的主要用途。

二、实验仪器

1. 多功能混合域示波器 MDO-2000A。

2. 多通道函数信号发生器 MFG-2220HM。

3. 双显测量万用表 GDM-8352。

4. 直流稳压电源 GPD-3303。

三、实验器材

拓展实验器件清单如表 3-3-1 所示。

表 3-3-1　实验器件清单

编　号	名　称	型　号	数　量
R_{b1}	电阻	20kΩ	1
R_{b2}	电阻	20kΩ	1
R_3、R_{L2}	电阻	10kΩ	2
R_c	电阻	2.4kΩ	1
R_e	电阻	1kΩ	1
R_{f1}	电阻	100Ω	1
R_{L1}	电阻	3kΩ	1
C_1、C_3	电解电容	10μF	2
C_e	电解电容	100μF	1
T	三极管	9013	1
R_{p2}	可调电阻	100kΩ	1
Q_1	面包板		1
	导线		若干

四、实验原理

1. 实验电路

实验电路如图 3-3-1 所示,这是一个基极分压式阻容耦合共发射极放大电路,其核心器件是 NPN 型三极管 9013。R_{b1}、R_{b2} 和 R_{p2} 组成基极分压式电路，R_{p2} 为滑动变阻器 3906，用无感应螺丝刀可以调节其阻值大小，从而实现调整电路静态工作点的目的。发射极对地之间有一电阻 R_e，可以起到稳定静态工作点的作用。所有元器件参数如图 3-3-1 所示。

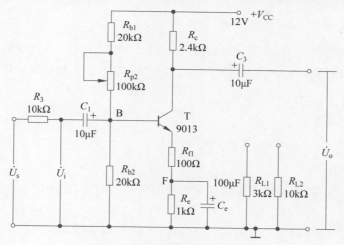

图 3-3-1　共发射极放大电路

2. 静态工作点

通过理论课程的学习可知，流过电阻 R_{b1}、R_{b2} 和 R_{p2} 的电流远大于晶体管的基极电流 I_B（一般为 5～10 倍），静态工作点的计算公式为

$$V_B \approx \frac{R_{b2}}{R_{b1} + R_{b2} + R_{p2}} V_{CC} \tag{3-3-1}$$

$$I_E = \frac{V_B - V_{BE}}{R_{f1} + R_e} \tag{3-3-2}$$

$$I_B = \frac{I_C}{\beta} \tag{3-3-3}$$

$$I_C \approx I_E \tag{3-3-4}$$

$$V_{CE} = V_{CC} - I_C(R_c + R_{f1} + R_e) \tag{3-3-5}$$

测量静态工作点的方法是，将输入信号端与地短接，即 $v_i = 0$。然后通过串接万用表，分别测量三极管各个电极对地电流来获得静态工作点数据。在测量静态电流过程中，为避免断开集电极，也可使用万用表电压挡测出三极管各个电极对地电位 V_E、V_C 和 V_B，再分别计算静态工作点各个工作参数，可按照以下公式计算：

$$V_{BE} = V_B - V_E \tag{3-3-6}$$

$$I_C = \frac{V_{CC} - V_C}{R_c} \tag{3-3-7}$$

$$V_{CE} = V_C - V_E \tag{3-3-8}$$

3. 放大电路动态性能指标

放大电路动态性能指标包括电压放大倍数、输入电阻、输出电阻、最大不失真输出电压及频率特性等，通过理论课的学习，我们已经知道微变等效电路的画法，下面分别介绍各个参数的测量方法。

1）电压放大倍数 A_v

放大电路的电压放大倍数是指输出电压和输入电压之比，即

$$A_v = \frac{v_o}{v_i} \qquad (3\text{-}3\text{-}9)$$

实验中，将示波器两个探头同时测试输入信号 v_i 与输出信号 v_o，观察波形，并同时记录数据，计算出电压放大倍数 A_v。同时可根据式(3-3-8)及式(3-3-9)，验证理论计算是否正确。

$$A_v = -\frac{\beta(R_c \mathbin{/\mkern-5mu/} R_L)}{r_{be} + (1+\beta)R_{f1}} \qquad (3\text{-}3\text{-}10)$$

$$r_{be} = 200\Omega + (1+\beta)\frac{26\mathrm{mV}}{I_E} \qquad (3\text{-}3\text{-}11)$$

2）输入电阻 R_i

输入电阻的大小决定着放大电路从前级获取信号的能力，输入电阻的计算公式为

$$R_i = R_{b2} \mathbin{/\mkern-5mu/} (R_{b1} + R_{p2}) \mathbin{/\mkern-5mu/} [r_{be} + (1+\beta)R_{f1}] \qquad (3\text{-}3\text{-}12)$$

为了测量放大电路的输入电阻，可以将放大电路等效为图 3-3-2 的形式。

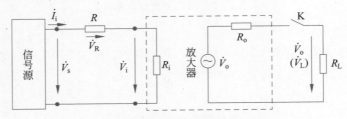

图 3-3-2　放大电路等效模型

通过测量 v_s 和 v_i 的值，可以计算出输入电阻为

$$R_i = \frac{v_i}{v_s - v_i}R_s \qquad (3\text{-}3\text{-}13)$$

3）输出电阻 R_o

输出电阻的大小决定了放大电路带负载的能力，输出电阻为

$$R_o \approx R_c \qquad (3\text{-}3\text{-}14)$$

如图 3-3-2 所示，在实验中，当放大电路空载时，测得电压值为 v_{o1}，接入负载 R_L 后，测得电压值为 v_{o2}，则输出电阻的计算方法为

$$R_o = \left(\frac{v_{o1}}{v_{o2}} - 1\right)R_L \qquad (3\text{-}3\text{-}15)$$

注意，两次测试时输入信号应保持不变。

4）最大不失真输出电压 v_{opp}

放大电路的最大不失真输出电压是衡量放大电路动态性能的重要指标。在测量过程中，先将静态工作点调至交流负载线的中心处，再通过调整输入电压大小，观察输出波形是否失真，从而得到放大电路最大不失真输出电压。

5）频率响应

频率响应包括幅频响应和相频响应。此处重点关注幅频响应，即放大电路放大倍数 A_v

的大小与输入信号频率 f 之间的关系曲线。设中频电压放大倍数为 A_{vm}，改变输入信号的频率，当电压下降到 $0.707A_{vm}$ 时，对应的频率分别为上限频率 f_H 和下限频率 f_L，其通频带为 $BW=f_H-f_L$。

五、预习要求

1. 理论计算

复习理论教材中晶体管共射极放大电路的工作原理，掌握放大电路静态工作点及动态性能参数指标的计算方法。根据图 3-3-1，当 $V_{CC}=12V$ 时，调节 R_{p2} 至中间位置，$\beta=150$，试计算以下参数，并填入表 3-3-2、表 3-3-3 中。

表 3-3-2 静态工作点计算

V_B/V	V_E/V	V_C/V	V_{CE}/V	I_B/mA	I_C/mA	I_E/mA

表 3-3-3 动态指标参数

$R_i/k\Omega$	$R_o/k\Omega$	A_v

2. 仿真验证

电路仿真使用仿真软件 Multisim，电路图如图 3-3-3 所示。注意输入和输出分别接示波器的 A、B 两端，同时观测输入和输出的波形。

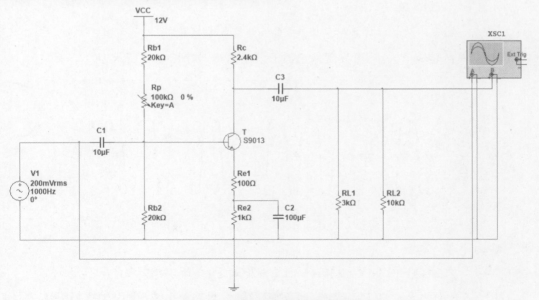

图 3-3-3 共射极放大电路仿真电路图

当调整 R_{p2} 的值时，可以观察仿真波形，分别出现饱和失真和截止失真，如图 3-3-4 和图 3-3-5 所示。

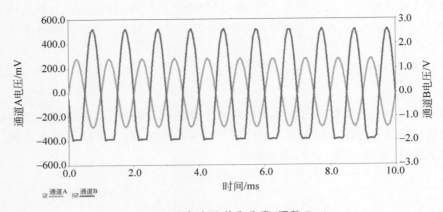

图 3-3-4　仿真波形-饱和失真（调整 R_{p2}）

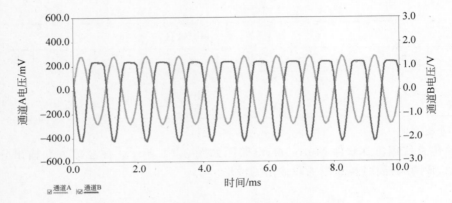

图 3-3-5　仿真波形-截止失真（调整 R_{p2}）

调整输入信号幅值大小，可发现输出波形发生失真，如图 3-3-6 所示。

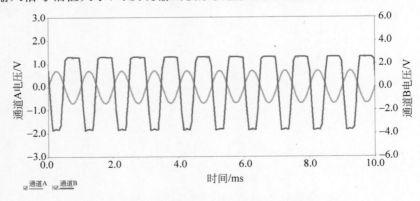

图 3-3-6　仿真波形-截止失真（调整输入信号幅值）

将图 3-3-3 中的 R_{L1} 和 R_{L2} 断开，即负载开路时，得到输出波形如图 3-3-7 所示。

当接入 R_{L1} 时，得到输出波形如图 3-3-8 所示。

当再接入 R_{L2} 时，即 $R_{L1}//R_{L2}$，得到的输出波形如图 3-3-9 所示。

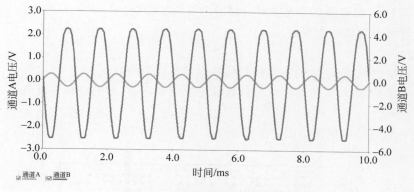

图 3-3-7　仿真波形-负载开路

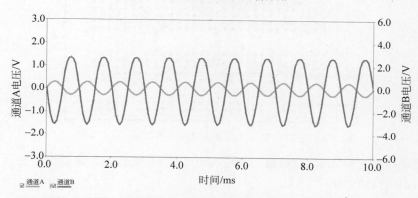

图 3-3-8　仿真波形-接入负载 R_{L1}

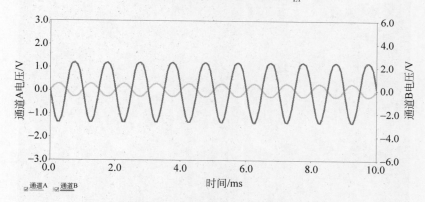

图 3-3-9　仿真波形-接入负载 R_{L2}

六、实验内容

1. 实验步骤

（1）对电路板进行供电 $V_{CC}=12\text{V}$，调节 R_{p2}，使得 $V_C=7\text{V}$，按照前面所述方法，测量电路静态工作点各参数值，注意调节滑动变阻器要使用无感应螺丝刀。

（2）使信号源输出峰-峰值 $V_{pp}=200\text{mV}$，频率 $f=1\text{kHz}$ 的正弦波，接入放大电路的输入端，用示波器双通道同时显示输出和输入波形图，注意示波器探头、信号源、直流稳压电源、万用表与电路板要共地。

（3）调节 R_{p2}，观察静态工作点对电路输出波形的影响。

（4）测量放大电路动态参数。

2. 注意事项

（1）在测试过程中，使用的所有测量仪器应与实验电路共地。

（2）在实际测量中，应将所有信号和仪器连接完毕后，再对电路板进行供电。

3. 实验示例

电路面包板整体布局图如图 3-3-10 所示。

面包板布局图

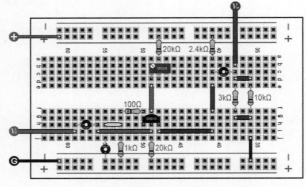

图 3-3-10　共射极放大电路面包板整体布局图（见彩插）

实验结果如图 3-3-11 所示，通道 1 为输入信号波形，通道 2 为输出信号波形，可以发现信号放大约 10 倍，相位相反。

演示视频

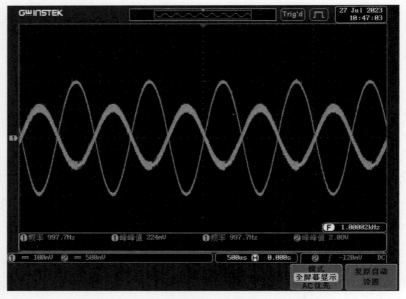

图 3-3-11　共射极放大电路输入输出测试结果

七、实验报告

将实验数据填入表 3-3-4 和表 3-3-5。

表 3-3-4　静态工作点测试

V_B/V	V_E/V	V_C/V	V_{CE}/V	I_B/mA	I_C/mA	I_E/mA

表 3-3-5　动态参数测量

R_i/kΩ	R_o/kΩ	v_o/V	A_v	同时画出v_o和v_i的波形

思考题

1. 简述静态工作点对输出波形的影响。

2. 如果电路的静态工作点正常,发现实际测得的电压增益比理论计算值低很多,试分析有可能是什么原因。

3.3.2　拓展实验

实验报告

一、基本原理

实验电路如图 3-3-12 所示,是一种模拟"知了"叫声的电路,在发出"知了"叫声的同时,发光二极管也能跟随叫声闪烁。

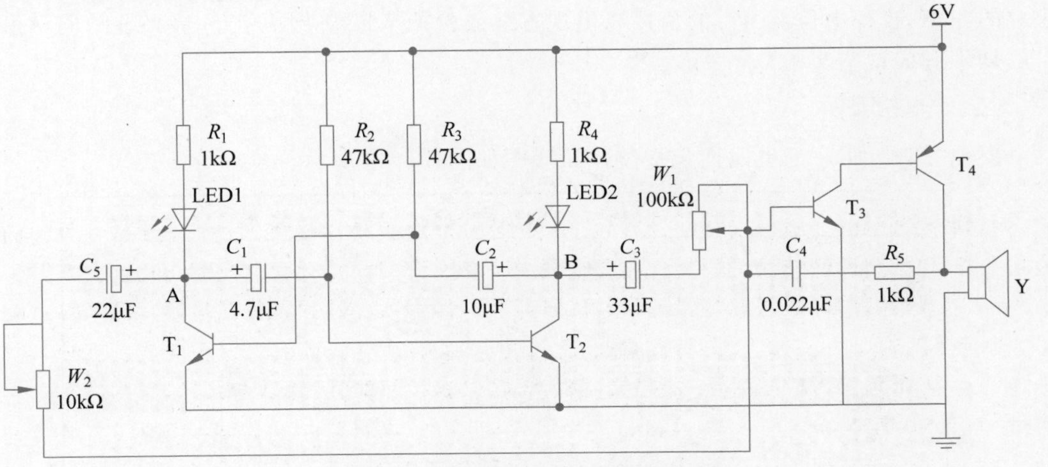

图 3-3-12　模拟"知了"叫声的电路

从图中可以看到,电路中的主要元器件为三极管,T_1 和 T_2 构成低频振荡器,其输出端 B 通过电容 C_3 和电位器 W_1 连接至 T_3 的基极。T_3 和 T_4 组成一个音频振荡器,其振荡频

率由 R_5、C_4 的数值决定,并受低频振荡器输出电压的控制。当 T_2 由导通变为截止时,V_B 也由低电平迅速变为高电平,这一正跳变脉冲加至 T_3 的基极和发射极之间,使 T_3 正偏压增大,音频振荡频率增高;反之,当 T_2 由截止变为导通时,使 T_3 正偏压减小,音频振荡频率变低。于是,这一频率高低变化的音频信号经扬声器后,即可发出连续不断的"知了"叫声。

二、元器件选择

调整 R_3、C_2 的值可以改变"知了"叫声的长短,R_3 值的可选范围为 $50 \sim 100\text{k}\Omega$,其他元件参考表 3-3-6。注意,$C_2$ 越大,频率越低,R_3 越大,频率越低。

表 3-3-6 拓展实验器件清单

编 号	名 称	型 号	数 量/
R_1、R_4、R_5	电阻	$1\text{k}\Omega$	3
R_2、R_3	电阻	$47\text{k}\Omega$	1
C_1	电解电容	$4.7\mu\text{F}$	1
C_2	电解电容	$10\mu\text{F}$	1
C_3、C_5	电解电容	$22\mu\text{F}$	2
C_4	瓷片电容	$0.022\mu\text{F}$	1
T_1、T_2、T_3	三极管	9014	3
T_4	三极管	9015	1
LED_1、LED_2	发光二极管	红色	2
W_1	可调电阻	$100\text{k}\Omega$	1
W_2	可调电阻	$10\text{k}\Omega$	1
Y	扬声器	8Ω	1

若从 T_1 的集电极 A 点通过电容 C_5 和电位器 W_2 后接到 T_2 的基极,电路可发出模拟小鸡的叫声,改变电位器 W_2 的值可以出现青蛙或救护车报警声等声音,感兴趣的同学可以自己动手完成这些实验。

三、电路示例

模拟"知了"叫声的电路面包板整体布局图如图 3-3-13 所示。

面包板布局图

演示视频

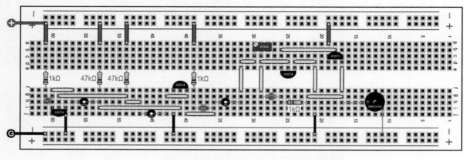

图 3-3-13 模拟"知了"叫声的电路面包板整体布局图(见彩插)

3.4 运算放大电路

3.4.1 基础实验

实验一 运算放大电路(放大)

一、实验目的

1. 掌握集成运算放大器的工作原理和基本特性。
2. 掌握由集成运算放大器构成的反相放大器和同相放大器的特点、性能及测量方法。
3. 熟悉常用电子测量仪器仪表的使用方法。
4. 掌握电子仿真软件 Multisim 的使用方法。

二、实验仪器

1. 多功能混合域示波器 MDO-2000A。
2. 多通道函数信号发生器 MFG-2220HM。
3. 双显测量万用表 GDM-8352。
4. 直流稳压电源 GPD-3303。

三、实验器材

器件清单如表 3-4-1 所示。

表 3-4-1 实验器件清单

编　　号	名　　称	型　　号	数　　量
R_1	电阻	10kΩ	1
R_f	电阻	100kΩ	1
R_p	电阻	9.1kΩ	1
A	运算放大器	μA741	1

四、实验原理

1. 集成运算放大器的内部结构

运算放大器是一种高增益的多级直接耦合放大器,其内部结构框图如图 3-4-1 所示,主要由差动输入级、中间放大级、输出级及偏置电路四部分组成,各部分的作用如下。

图 3-4-1 运算放大器的组成框图

差动输入级:使运算放大器具有尽可能高的输入电阻及尽可能高的共模抑制比。因此输入级电路一般为差动放大器。

中间放大级:该级电路由多级直接耦合放大器组成,以获得足够高的电压增益。

输出级:使运算放大器具有一定幅度的输出电压、输出电流和尽可能小的输出电阻。

输出过载时有自动保护作用以免损坏集成块。输出级电路一般为互补对称推挽电路。

偏置电路：为各级电路提供合适的工作点。为使工作点稳定，一般采用恒流源偏置电路。

运算放大器的种类很多，这里使用双列直插式的通用单运放 μA741。其内部结构和外引线排列图如图 3-4-2 所示。在外部反馈网络的配合下，它的输入与输出之间可以灵活地实现各种特定的函数关系。在线性方面应用的有基本放大器、基本运算、有源滤波器等；在非线性方面应用的有函数发生器、比较器、精密交-直流变换器等。它具有对不同信号进行组合、运算和处理等多种功能。

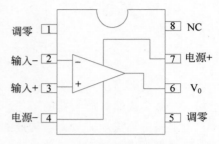

图 3-4-2   μA741 内部结构和外引线排列图

2. 集成运算放大器构成的反相放大器

图 3-4-3 所示为运算放大器 μA741 构成的反相放大器，信号从运算放大器反相端输入，输出信号通过反馈电阻 R_f 与运算放大器反相端相接，电路引入了负反馈，在理想条件下闭环电压增益为

$$A_{vf} = -\frac{R_f}{R_1} \qquad (3\text{-}4\text{-}1)$$

输入电阻： $$R_i = R_1$$

其中，反馈电阻 R_f 值不能太大，否则会产生较大的噪声及漂移，一般为几十至几百千欧，R_1 的取值应远大于信号源的内阻（注意：运算放大器的 7 脚和 4 脚分别接 ±12V 电源）。

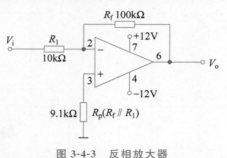

图 3-4-3   反相放大器

3. 集成运算放大器构成的同相放大器

由集成运算放大器构成的同相放大器如图 3-4-4 所示，信号从运算放大器反相端输入，输出信号通过反馈电阻 R_f 与运算放大器反相端相接，电路引入了负反馈，理想条件下的闭环电压增益为

$$A_{vf} = \left(1 + \frac{R_f}{R_1}\right) \qquad (3\text{-}4\text{-}2)$$

输入电阻： $$R_i = r_{ic}$$

其中，r_{ic} 为运算放大器本身同相端对地的共模输入电阻，一般为 $10^8\,\Omega$。

若 $R_f = 0$ 或 $R_1 = \infty$（开路），则电路变为电压跟随器（图 3-4-5），输出电压与输入电压大小相等、方向相同。由于其输入阻抗很高，输出阻抗很小，是较理想的电路级间阻抗变换、匹配电路,在电路中经常用作缓冲器。

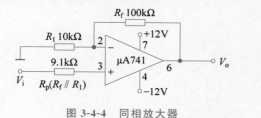

图 3-4-4 同相放大器

图 3-4-5 电压跟随器

五、预习要求

(1) 查阅 μA741 典型指标数据及引脚功能。

(2) 理论计算。复习理论教材中反相放大器和同相放大器的工作原理,掌握用虚短和虚断进行分析计算的方法。根据图 3-4-3 和图 3-4-4 所示电路,分别计算反相放大器和同相放大器的闭环电压增益和输入电阻,填入表 3-4-2。

表 3-4-2 闭环电压增益和输入电阻计算

名 称	反相放大器	同相放大器
A_{vf}		
R_i		

(3) 仿真验证。电路仿真使用仿真软件 Multisim,反相放大器仿真电路图如图 3-4-6 所示。注意输出和输入分别接示波器的 A、B 两端,同时观测输入和输出的波形。

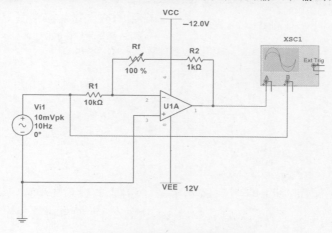

图 3-4-6 反相放大器仿真电路图

当 R_f 为最大值时,输出与输入波形如图 3-4-7 所示,观察可得输出信号与输入信号相比幅度放大了,相位相反。

若减小 R_f 使电压增益减小,输出与输入波形如图 3-4-8 所示,与图 3-4-7 相比,输出电压幅度减小,所以调节 R_f 的大小就可改变放大倍数。

同相放大器仿真电路图如图 3-4-9 所示。输出和输入分别接示波器的 A、B 两端,同时观测输入和输出的波形。

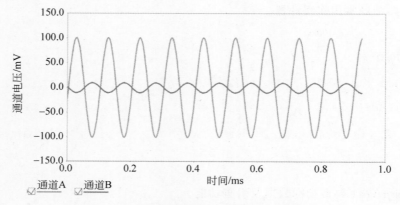

图 3-4-7　反相放大器仿真波形($R_f = 100\text{k}\Omega$)

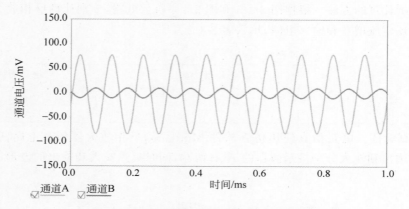

图 3-4-8　反相放大器仿真波形($R_f = 80\text{k}\Omega$)

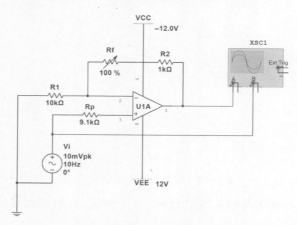

图 3-4-9　同相放大器仿真电路图

　　当 R_f 为最大值时,输出与输入波形如图 3-4-10 所示,观察可得输出信号与输入信号相比幅度放大了,相位相同。

　　若减小 R_f 使电压增益减小,输出与输入波形如图 3-4-11 所示,与图 3-4-10 相比,输出电压幅度减小,所以调节 R_f 的大小就可改变放大倍数。

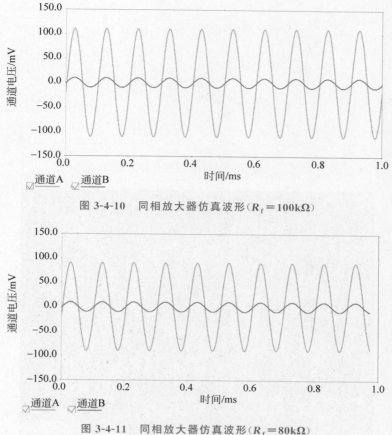

图 3-4-10 同相放大器仿真波形($R_f=100\text{k}\Omega$)

图 3-4-11 同相放大器仿真波形($R_f=80\text{k}\Omega$)

六、实验内容

1．实验步骤

（1）按图 3-4-3 设计一个反相放大器，要求输入阻抗 $R_i=10\text{k}\Omega$，闭环电压增益 $A_{vf}=-10$，输入峰-峰值 $V_{pp}=500\text{mV}$，频率 $f=1\text{kHz}$ 的正弦波，测量相应的输出电压 V_o。

（2）按图 3-4-4 设计一个同相放大器，实现 $V_o=6V_i(R_f=100\text{k}\Omega)$。

（3）按图 3-4-5 制作一个电压跟随器，自拟几个输入信号，由示波器观察和测量输入、输出电压。

2．注意事项

（1）组装运算放大器实验电路时，±12V 电源线必须在最后接入，且一定不能接反；

（2）实验中运算放大器工作于线性状态，故输出信号的幅度不能超过或接近电源电压（±12V），若出现这种情况，可能是输入信号太大或运算放大器芯片损坏。

3．实验示例

反相放大器电路面包板整体布局图如图 3-4-12 所示。

最终测试结果如图 3-4-13 所示，通道 1 为输入信号波形，通道 2 为输出信号波形，可以发现信号放大约 10 倍，相位相反。

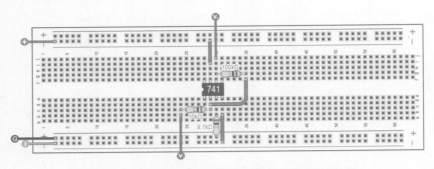

图 3-4-12　反相放大器电路面包板整体布局图(见彩插)

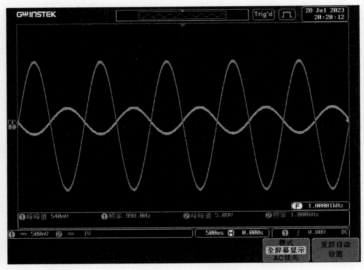

图 3-4-13　反相放大器测试结果

七、实验报告

将实验数据填入表 3-4-3 中。

表 3-4-3　闭环电压增益测试

参　　　数	反相放大器	同相放大器	电压跟随器
V_i/V			
V_o/V			
A_{vf}			

思考题

1. 运算放大器组成的同相和反相放大器,输入阻抗是否一样?为什么?

2. 若实验中运算放大器电源电压为±12V,反相放大器电压增益为 10 倍,输入正弦信号 $V_i=2V$,输出波形是什么样的?为什么?不接±12V 电源电压运算放大器能工作吗?为什么?

实验二 运算放大电路(运算)

一、实验目的

1. 学会用集成运算放大器构成加法、减法、积分和微分电路。
2. 掌握由集成运算放大器构成运算电路的特点、性能及测量方法。
3. 熟悉常用电子测量仪器仪表的使用方法。
4. 掌握电子仿真软件 Multisim 的使用方法。

二、实验仪器

1. 多功能混合域示波器 MDO-2000A。
2. 多通道函数信号发生器 MFG-2220HM。
3. 双显测量万用表 GDM-8352。
4. 直流稳压电源 GPD-3303。

三、实验器材

实验器件清单如表 3-4-4 所示。

表 3-4-4 实验器件清单

编 号	名 称	型 号	数 量
R_1	电阻	10kΩ	1
R_2	电阻	10kΩ	1
R_3	电阻	100kΩ	1
R_f	电阻	100kΩ	1
R_p	电阻	4.7kΩ	1
R_s	电阻	100Ω	1
C	电容	0.01μF	1

四、实验原理

1. 集成运算放大器构成的反相比例加法器

图 3-4-14 所示为运算放大器 μA741 构成的反相比例加法电路,输入信号 V_{i1} 和 V_{i2} 从运算放大器反相端输入,输出信号通过反馈电阻 R_f 与运算放大器反相端相接,电路引入了负反馈,利用叠加定理和虚短、虚断可求出在理想条件下的输出电压:

$$V_o = -\left(\frac{R_f}{R_1}V_{i1} + \frac{R_f}{R_2}V_{i2}\right) \tag{3-4-3}$$

2. 集成运算放大器构成的减法器

如图 3-4-15 所示,当运算放大器的反相端和同相端分别输入信号 V_1 和 V_2 时,则输出电压:

$$V_o = \left(1 + \frac{R_f}{R_1}\right)\left(\frac{R_3}{R_2 + R_3}\right)V_2 - \frac{R_f}{R_1}V_1 \tag{3-4-4}$$

当 $\dfrac{R_f}{R_1} = \dfrac{R_3}{R_2}$ 时,输出电压与两输入电压的差值成正比,实现了对差模信号的放大,为差动放大器。

$$V_o = \frac{R_f}{R_1}(V_2 - V_1) \qquad (3\text{-}4\text{-}5)$$

当 $R_1 = R_2 = R_3 = R_f$ 时，输出电压 $V_o = V_2 - V_1$，为减法器。

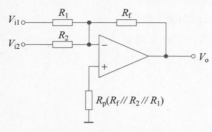
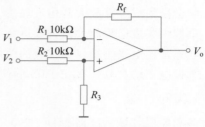

图 3-4-14　反相比例加法器　　　　　图 3-4-15　减法器

3. 集成运算放大器构成的积分器

积分器如图 3-4-16 所示，输出电压：

$$V_o = -\frac{1}{RC}\int_0^t V_i \mathrm{d}t \qquad (3\text{-}4\text{-}6)$$

式中，RC 为积分时间常数。

为限制电路的低频电压增益，可将反馈电容 C 与一电阻 R_f 并联。当输入频率大于 $f_0 = \frac{1}{2\pi R_f C}$ 时，电路为积分器；若输入频率远低于 f_0，则电路近似一个反相器。

4. 集成运算放大器构成的微分器

微分器如图 3-4-17 所示，输出电压：

$$V_o = -R_f C \frac{\mathrm{d}V_i}{\mathrm{d}t} \qquad (3\text{-}4\text{-}7)$$

式中，$R_f C$ 为微分时间常数。

为限制电路的高频增益，防止自激（高频），通常在输入端与电容 C 之间接入一小电阻 R_s，当输入频率低于 $f_0 = \frac{1}{2\pi R_f C}$ 时，电路起微分作用；若输入频率远高于 f_0 时，则电路近似一个反相放大器。

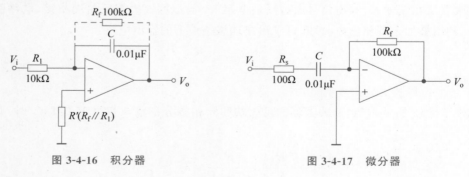

图 3-4-16　积分器　　　　　　　图 3-4-17　微分器

五、预习要求

1. 理论计算

复习理论教材中反相加法器、减法器、积分器和微分器的工作原理，掌握用虚短和虚断分析计算输出电压的方法。

2. 仿真验证

电路仿真使用仿真软件 Multisim,反相加法器仿真电路图如图 3-4-18 所示。输入两路频率为 1kHz、峰-峰值分别为 400mV、600mV 的正弦信号,用示波器观察输出电压,结果如图 3-4-19 所示。

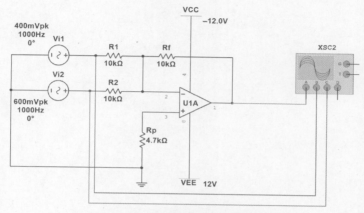

图 3-4-18　反相加法器仿真电路图

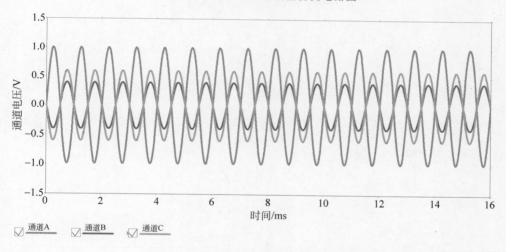

图 3-4-19　反相加法器仿真结果

减法器仿真电路如图 3-4-20 所示。输入两路频率为 1kHz、峰-峰值分别为 400mV、600mV 的正弦信号,用示波器观察输出电压,结果如图 3-4-21 所示。

积分器仿真电路图如图 3-4-22 所示,给电路输入频率为 1kHz、幅值为 1V 的方波信号,用示波器同时观察输入和输出波形,结果如图 3-4-23 所示,输出为三角波信号。

微分器仿真电路图如图 3-4-24 所示,给电路输入频率为 1kHz、幅值为 1V 的方波信号,用示波器同时观察输入和输出波形,结果如图 3-4-25 所示,输出为冲激信号。

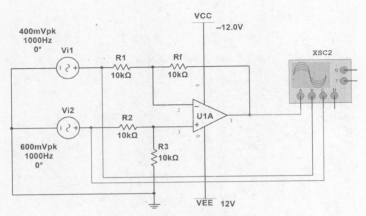

图 3-4-20　减法器仿真电路图

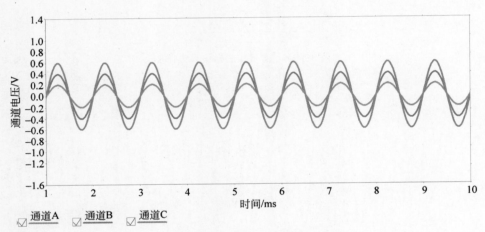

图 3-4-21　减法器仿真结果

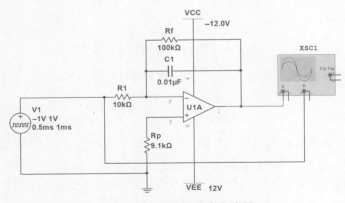

图 3-4-22　积分器仿真电路图

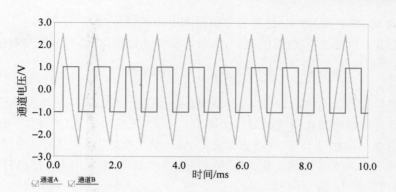

图 3-4-23 积分器仿真波形

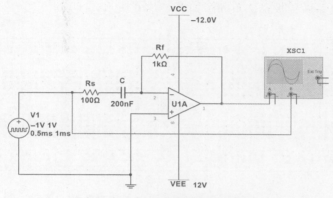

图 3-4-24 微分器仿真电路图

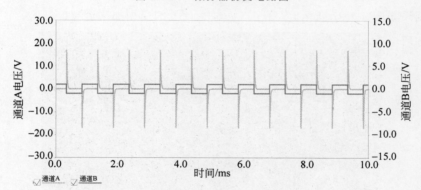

图 3-4-25 微分器仿真波形

六、实验内容

1. 实验步骤

（1）按图 3-4-14 设计一个电路，要求实现 $V_o = -(V_{i1} + V_{i2})$。两路输入信号的频率为 1kHz，峰-峰值为 500mV，测量相应的输出电压 V_o。

（2）按图 3-4-15 设计一个电路，要求实现 $V_o = 2(V_{i2} - V_{i1})$。输入两路频率为 1kHz 的正弦信号，V_{i1} 峰-峰值为 200mV，V_{i2} 峰-峰值为 500mV，测量输出电压 V_o。

（3）按图 3-4-16 所示电路连接，输入端加入频率为 1kHz、幅值为 1V 的方波，用双踪示

波器同时观察 V_i 和 V_o 的波形(注意积分电阻和电容的选值)。

（4）按图 3-4-17 所示电路连接，输入三角波或方波信号，自己根据原理确定信号幅度和频率，用示波器观察输入、输出波形。

2. 注意事项

（1）组装运放实验电路时，±12V 电源线必须在最后接入，且一定不能接反。

（2）集成运算放大器在使用时要注意两点：一是"调零"，二是"消振"。首先，在输出信号中有直流分量的应用场合下，在电源接通后，输入信号为零时，调节调零电位器，使运算放大器的输出为零。其次是在改变反馈网络时产生自激振荡，需采用 RC 网络补偿来消除，目前，许多运算放大器不需外部补偿。

3. 实验示例

反相加法器电路面包板整体布局图如图 3-4-26 所示。

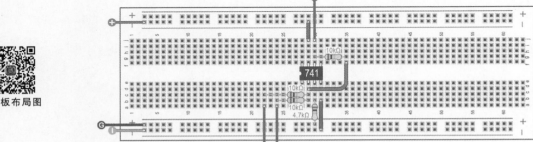

图 3-4-26　反相加法器电路面包板整体布局图（见彩插）

实验结果如图 3-4-27 所示，实现了对两输入信号的反相加法运算。

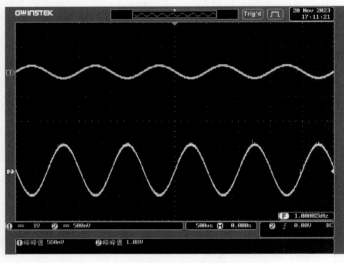

图 3-4-27　最终测试结果

七、实验报告

将实验数据分别填入表 3-4-5～表 3-4-8 中并与预习计算值进行对比。

表 3-4-5 反相加法器测试

V_{i1}（峰-峰值）/V	V_{i2}（峰-峰值）/V	V_o（峰-峰值）/V

表 3-4-6 减法器测试

V_{i1}（峰-峰值）/V	V_{i2}（峰-峰值）/V	V_o（峰-峰值）/V

表 3-4-7 积分器测试

画出 V_i 与 V_o 波形

表 3-4-8 微分器测试

画出 V_i 与 V_o 波形

思考题

1. 运算放大器组成的积分电路，输入信号频率为什么不能太低？
2. 运算放大器组成的微分电路，输入信号频率为什么不能太高？

3.4.2 拓展实验

一、基本原理

湿度检测报警电路如图 3-4-28 所示，主要由检测电路、同相放大器、电压比较器、报警电路构成。湿度信号通过湿敏电阻 R_p 转换为电信号，转换得到的电信号通过由运算放大器 A_1 构成的同相放大器进行放大，放大后的信号经过由运算放大器 A_2 构成的电压比较器与阈值电压进行比较,当 A_2 同相端电位高于反相端时,电压比较器输出高电平,三极管 T_1 导通,扬声器发声报警,发光二极管 LED_2 亮;反之,电压比较器输出低电平,无报警信号。调节电位器 W_1 的大小可调整电压比较器的门限电压即湿度报警阈值。

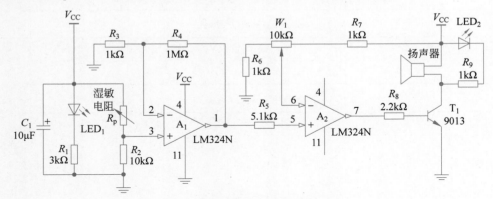

图 3-4-28 湿度检测报警电路

二、元器件选择

拓展实验器件清单如表 3-4-9 所示。

表 3-4-9 拓展实验器件清单

编　号	名　称	型　号	数　量
R_1	电阻	3kΩ	1
R_2	电阻	10kΩ	1
R_3、R_6、R_7、R_9	电阻	1kΩ	4
R_4	电阻	1MΩ	1
R_5	电阻	5.1kΩ	1
R_8	电阻	2.2kΩ	1
R_p	湿敏电阻	AM1001	1
W_1	电位器	10kΩ	1
T_1	三极管	9013	1
LED_1、LED_2	发光二极管	绿色、红色	2
A_1、A_2	运算放大器	LM324	1

三、电路示例

湿度检测报警电路面包板整体布局图如图 3-4-29 所示。

面包板布局图

演示视频

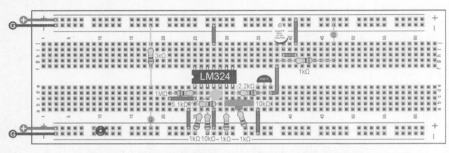

图 3-4-29 湿度检测报警电路面包板整体布局图(见彩插)

3.5 有源滤波器

3.5.1 基础实验

一、实验目的

1. 熟悉有源滤波器的电路构成及其特性。
2. 掌握点频法测量有源滤波器的幅频特性曲线方法。
3. 熟悉常用电子测量仪器仪表的使用方法。
4. 掌握电子仿真软件 Multisim 的使用方法。
5. 了解有源滤波器电路的主要用途。

二、实验仪器

1. 多功能混合域示波器 MDO-2000A。
2. 多通道函数信号发生器 MFG-2220HM。
3. 双显测量万用表 GDM-8352。
4. 直流稳压电源 GPD-3303。

三、实验器材

实验器件清单如表 3-5-1 所示。

表 3-5-1 实验器件清单

编　　号	名　　称	型　　号	数　　量
R	电阻	$20\text{k}\Omega$	2
R_f	电阻	$56\text{k}\Omega$	1
R_1	电阻	$100\text{k}\Omega$	1
C	电解电容	$0.01\mu\text{F}$	2
A	集成运算放大器	741	1
Q_1	面包板		1
	导线		若干

四、实验原理

由 RC 元件与运算放大器组成的滤波器称为 RC 有源滤波器,其功能是让一定频率范围内的信号通过,抑制或急剧衰减此频率范围以外的信号。可用在信息处理、数据传输、抑制干扰等方面,但因受运算放大器频带限制,这类滤波器主要用于低频范围。根据对频率范围的选择不同,可分为低通(LP)、高通(HP)、带通(BP)与带阻(BE)四种滤波器,它们的幅频特性如图 3-5-1 所示。具有理想幅频特性的滤波器是很难实现的,只能用实际的幅频特性去逼近理想的。一般来说,滤波器的幅频特性越好,其相频特性越差,反之亦然。滤波器的阶数越高,幅频特性衰减的速率越快,但 RC 网络的节数越多,元件参数计算越烦琐,电路调试越困难。任何高阶滤波器均可以用较低的二阶 RC 有源滤波器级联实现。

1. 低通滤波器

实验电路如图 3-5-2 所示,从反馈放大电路角度看,同相比例放大电路属电压控制的电压源,所以这是一个压控电压源型二阶低通滤波电路。

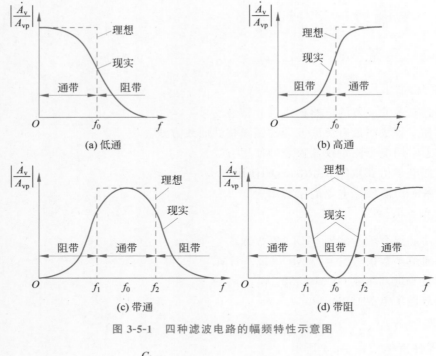

图 3-5-1　四种滤波电路的幅频特性示意图

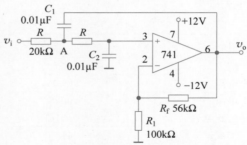

图 3-5-2　二阶低通滤波器

图 3-5-2 中 C_1 的另外一端接到输出端,形成运算放大器的另一个反馈。尽管它可能会引入正反馈,但当信号频率趋于零时,C_1 的容抗趋于无穷大,反馈很弱;而当信号频率趋于无穷大时,C_2 的容抗趋于零,即 v_o 也几乎为零。也就是说,在两种极端频率情况下,正反馈都很弱。因此,只要参数选择合适,就可以在全频域控制正反馈的强度,不致使电路自激振荡;而在截止频率附近引入正反馈,可以使 ω_c 附近的电压增益得到提高,改善 ω_c 附近的幅频响应。所以,电路中的运算放大器同时引入了正反馈和负反馈(由 R_f 引入的)。

有源滤波电路的性能指标主要包括传递函数、幅频响应和通带截止角频率,下面分别介绍各个参数的测量方法。

1) 传递函数 $A(s)$

滤波电路的传递函数是指输出电压和输入电压之比,即

$$A(s) = \frac{V_o(s)}{V_i(s)} \tag{3-5-1}$$

根据之前的描述可知,同相放大器的电压增益 A_{vf} 就是低通滤波器的通带电压增益

A_0，即

$$A_0 = A_{vf} = \frac{V_o(s)}{V_p(s)} = 1 + \frac{R_f}{R_1} \tag{3-5-2}$$

考虑运算放大器的同相输入端电压为

$$V_p(s) = \frac{V_o(s)}{A_{vf}} \tag{3-5-3}$$

对于节点 A，应用 KCL 可得

$$\frac{V_i(s) - V_a(s)}{R} - [V_a(s) - V_o(s)]sC - \frac{V_a(s) - V_p(s)}{R} = 0 \tag{3-5-4}$$

联立求解，可得电路的传递函数为

$$A(s) = \frac{V_o(s)}{V_i(s)} = \frac{A_{vf}}{1 + (3 - A_{vf})sCR + (sCR)^2} \tag{3-5-5}$$

令

$$\omega_c = \frac{1}{RC} \tag{3-5-6}$$

$$Q = \frac{1}{3 - A_{vf}} \tag{3-5-7}$$

$$A(s) = \frac{A_{vf}}{1 + \frac{1}{Q\omega_c}s + \frac{1}{\omega_c^2}s^2} = \frac{A_0}{1 + \frac{1}{Q}\left(\frac{s}{\omega_c}\right) + \left(\frac{s}{\omega_c}\right)^2} \tag{3-5-8}$$

其中，ω_c 称为特征角频率，Q 称为等效品质因数。

实验中，用示波器的两个探头同时测试输入信号 v_i 与输出信号 v_o，观察波形，并同时记录数据，计算出电压放大倍数 A_v。同时可根据理论课学习的计算公式（3-5-2），验证理论计算是否正确。

2）幅频响应

将 $s = j\omega$ 代入，得到实际的频率响应表达式

$$\dot{A}(j\omega) = \frac{A_0}{1 - \left(\frac{\omega}{\omega_c}\right)^2 + j\frac{1}{Q}\frac{\omega}{\omega_c}} \tag{3-5-9}$$

当 $\omega = \omega_c$ 时，上式可以化简为

$$\dot{A}(j\omega)\bigg|_{\omega = \omega_c} = -jQA_0 \tag{3-5-10}$$

3）通带截止角频率（ω_p）

通带截止角频率是指幅频响应曲线在通带内下降到误差范围以外的频率点。通常定义 $|A/A_0| = 1/\sqrt{2}$ 对应的频率点为通带截止角频率或者 3dB 截止频率。由于该频率点输出信号的功率正好等于通带增益下输出信号功率的一半，所以也称半功率点。

注意：只有当 $Q = 0.707$ 时，ω_c 才与通带截止角频率相等。

2. 高通滤波器

高通滤波电路与低通滤波电路有对偶关系，如果将 RC 低通电路中滤波元件 R 和 C 的位置互换，就可得到 RC 高通滤波电路。将图 3-5-2 电路中 R 和 C 的位置互换，即可得到二

阶压控电压源高通滤波电路,如图 3-5-3 所示。

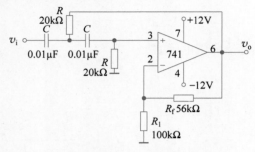

图 3-5-3　二阶高通滤波器

传递函数:

$$A(s) = \frac{A_{vf}s^2}{s^2 + \dfrac{\omega_c}{Q}s + \omega_c^2} = \frac{A_0\left(\dfrac{s}{\omega_c}\right)^2}{1 + \dfrac{1}{Q}\left(\dfrac{s}{\omega_c}\right) + \left(\dfrac{s}{\omega_c}\right)^2} \tag{3-5-11}$$

式中

$$\omega_c = \frac{1}{RC} \tag{3-5-12}$$

$$Q = \frac{1}{3 - A_{vf}} \tag{3-5-13}$$

$$A_0 = A_{vf} \tag{3-5-14}$$

将 $s = j\omega$ 代入,整理得到实际的二阶高通电路频率响应表达式:

$$\dot{A}(j\omega) = \frac{A_0}{1 - \left(\dfrac{\omega_c}{\omega}\right)^2 - j\,\dfrac{1}{Q}\,\dfrac{\omega_c}{\omega}} \tag{3-5-15}$$

同理,为了保证电路稳定工作,要求 $A_{vf} < 3$。当 $Q = 0.707$ 时,幅频响应曲线最平坦,此时下限截止角频率与特征角频率相等,即 $\omega_L = \omega_c$。

3. 带通滤波器

将低通和高通滤波电路串联,且使低通滤波电路的截止角频率 ω_H 大于高通滤波器的截止角频率 ω_L,则在 $\omega_L \sim \omega_H$ 之间形成一个通带,其他频率范围内为阻带,从而构成带通滤波器,电路如图 3-5-4 所示。

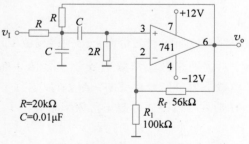

$R = 20\text{k}\Omega$
$C = 0.01\mu\text{F}$

图 3-5-4　二阶带通滤波器

通过列写电路方程,可导出带通滤波电路的传递函数。

$$A(s) = \frac{A_{vf} sCR}{1 + (3 - A_{vf}) sCR + (sCR)^2} \tag{3-5-16}$$

式中:

$$\omega_0 = \frac{1}{RC} \tag{3-5-17}$$

$$Q = \frac{1}{3 - A_{vf}} \tag{3-5-18}$$

$$A_0 = \frac{A_{vf}}{3 - A_{vf}} \tag{3-5-19}$$

$$A(s) = \frac{A_0 \dfrac{s}{Q\omega_0}}{1 + \dfrac{1}{Q}\dfrac{s}{\omega_0} + \left(\dfrac{s}{\omega_0}\right)^2} \tag{3-5-20}$$

将 $s = j\omega$ 代入,整理得到实际的二阶带通电路频率响应表达式:

$$\dot{A}(j\omega) = \frac{A_0 \dfrac{1j\omega}{Q\omega_0}}{1 - \left(\dfrac{\omega}{\omega_0}\right)^2 + j\dfrac{1\omega}{Q\omega_0}} = \frac{A_0}{1 + jQ\left(\dfrac{\omega}{\omega_0} - \dfrac{\omega_0}{\omega}\right)} \tag{3-5-21}$$

式(3-5-21)表明,当 $\omega = \omega_0$ 时,带通滤波电路具有最大电压增益,且有 $\dot{A}(j\omega) = A_0 = A_{vf}/(3 - A_{vf})$,这就是带通滤波电路的通带电压增益。

带通滤波电路的两个截止频率分别为

$$\omega_L = \frac{\omega_0}{2}\left(\sqrt{4 + \frac{1}{Q^2}} - \frac{1}{Q}\right) \tag{3-5-22}$$

$$\omega_H = \frac{\omega_0}{2}\left(\sqrt{4 + \frac{1}{Q^2}} + \frac{1}{Q}\right) \tag{3-5-23}$$

五、预习要求

1. 理论计算

复习理论教材中有源滤波器的工作原理,掌握滤波器的通带电压增益 A_0 和通带截止角频率 ω_p 的计算方法。根据图 3-5-2 和图 3-5-3,试计算以下参数,并填入表 3-5-2。

表 3-5-2 指标参数

名　　称	A_0	ω_p
低通滤波器		
高通滤波器		

根据图 3-5-4,试计算带通滤波电路的通带电压增益 A_0、中心角频率 ω_0、两个截止角频率 ω_L 和 ω_H,并填入表 3-5-3。

表 3-5-3   指标参数

名　称	A_0	ω_0	ω_L	ω_H
带通滤波器				

按照图 3-5-2 所示电路连线,测试二阶低通滤波器的幅频响应,测得截止频率,将结果填入表 3-5-4。

表 3-5-4   低通滤波器测试

f/Hz	50	200	400	600	800	900	1k	5k	10k
V_o/V_i									

按照图 3-5-3 所示电路连线,测试二阶高通滤波器的幅频响应,测得截止频率,将结果填入表 3-5-5。

表 3-5-5   高通滤波器测试

f/Hz	50	300	500	700	900	1k	2k	5k	10k
V_o/V_i									

按照图 3-5-4 所示电路连线,测试二阶带通滤波器的幅频响应,测得截止频率,将结果填入表 3-5-6。

表 3-5-6   带通滤波器测试

f/Hz	50	200	400	600	800	1k	1.5k	2k	5k
V_o/V_i									

2. 仿真验证

电路仿真使用仿真软件 Multisim,二阶有源低通滤波仿真电路图如图 3-5-5 所示。注意输入和输出分别接示波器的 A、B 两端,同时观测输入和输出的波形。

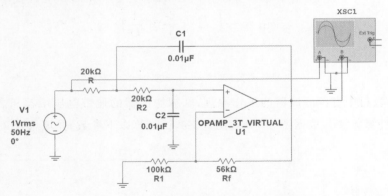

图 3-5-5   二阶有源低通滤波仿真电路图

当调整输入信号的频率时,可以观察仿真波形,当频率为 50Hz 时,输出信号的幅值约为输入信号幅值的 1.56 倍,如图 3-5-6 所示;当频率增大到 5kHz 时,输出信号幅值几乎为零,如图 3-5-7 所示。

二阶有源高通滤波仿真电路如图 3-5-8 所示。注意输入和输出分别接示波器的 A、B 两

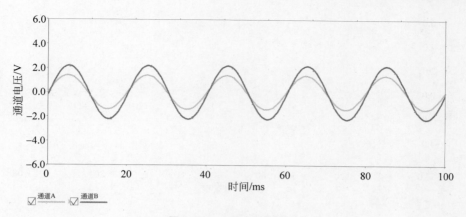

图 3-5-6 50Hz 仿真波形

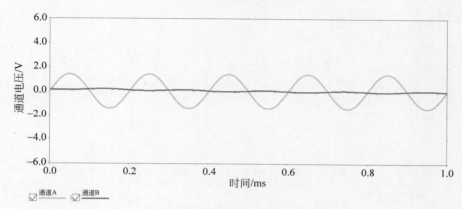

图 3-5-7 5kHz 仿真波形

端,同时观测输入和输出的波形。

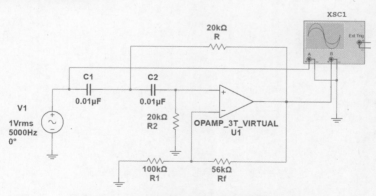

图 3-5-8 二阶有源高通滤波仿真电路图

高通滤波器的仿真效果与低通正好相反,调整输入信号的频率,当频率为 50Hz 时,输出信号的幅值明显衰减,如图 3-5-9 所示;当频率增大到 5kHz 时,输出信号得到放大,如图 3-5-10 所示。

二阶有源带通滤波仿真电路图如图 3-5-11 所示。注意输入和输出分别接示波器的 A、B 两端,同时观测输入和输出的波形。

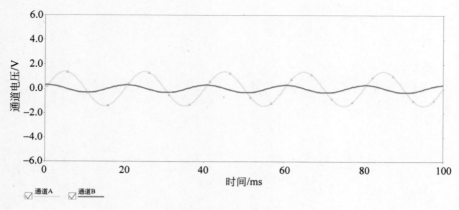

图 3-5-9   50Hz 仿真波形

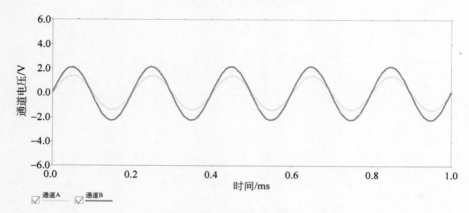

图 3-5-10   5kHz 仿真波形

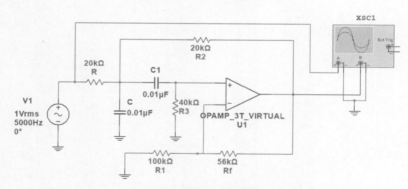

图 3-5-11   二阶有源带通滤波仿真电路图

调整输入信号的频率,当频率为 800Hz 时,输出信号的幅值最大,如图 3-5-12 所示;当频率增大到 5kHz 或衰减到 50Hz 时,输出信号得到衰减,如图 3-5-13 和图 3-5-14 所示。

六、实验内容

1. 实验步骤

(1)按照电路图在面包板上搭建电路,对芯片进行 ±12V 供电。

(2)将信号源输出峰-峰值 $V_{pp}=1V$,频率 $f=50Hz$ 的正弦波,接入滤波电路的输入端,

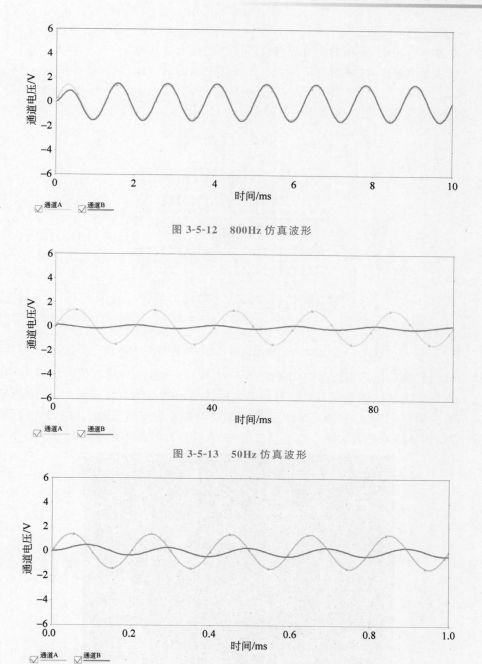

图 3-5-12 800Hz 仿真波形

图 3-5-13 50Hz 仿真波形

图 3-5-14 5kHz 仿真波形

同时用示波器双通道同时显示输出和输入波形图。

（3）调节信号源的输出频率，观察电路输出波形的频率和幅值，并将数据填写在表格中，利用点频法画出滤波器的幅频特性曲线。

（4）测量滤波电路的截止频率，并截取波形图。

2. 注意事项

(1) 在测试过程中,使用的所有测量仪器应与实验电路共地。

(2) 在实际测量中,应将所有信号和仪器连接完毕后,再对电路板进行供电。

3. 实验示例

低通滤波器电路面包板整体布局图如图 3-5-15 所示。

面包板布局图

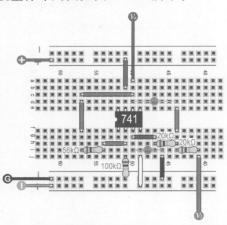

图 3-5-15　低通滤波器电路面包板整体布局图(见彩插)

低通滤波器实验结果如图 3-5-16 和图 3-5-17 所示,通道 1 为输入信号波形,通道 2 为输出信号波形。图 3-5-16 是低通滤波器通带内输入输出波形图。可以发现,输出信号幅值为输入信号幅值的 1.56 倍。图 3-5-17 是低通滤波器截止频率对应输入输出的波形图。可以发现,输出信号幅值是最大输出电压幅值的 0.707 倍,此时截止频率约为 600Hz。

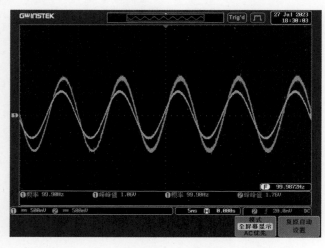

图 3-5-16　低通滤波器通带内输入输出测试结果

高通滤波器实验结果如图 3-5-18 所示,通道 1 为输入信号波形,通道 2 为输出信号波形,可以发现输出信号幅值是最大输出电压幅值的 0.707 倍,此时截止频率约为 760Hz。

带通滤波器实验结果如图 3-5-19 和图 3-5-20 所示,通道 1 为输入信号波形,通道 2 为输出信号波形。可以发现,输出信号幅值是最大输出电压幅值的 0.707 倍,此时截止频率约为 280Hz 和 1.6kHz。

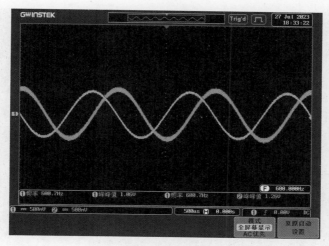

图 3-5-17　低通滤波器截止频率对应输入输出测试结果

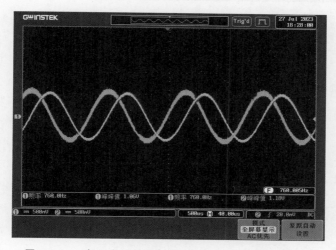

图 3-5-18　高通滤波器截止频率对应输入输出测试结果

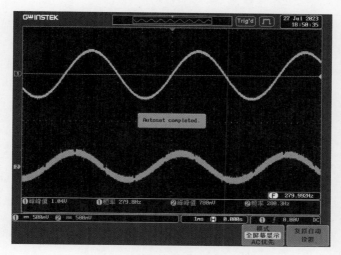

图 3-5-19　带通滤波器低频截止频率输入输出测试结果

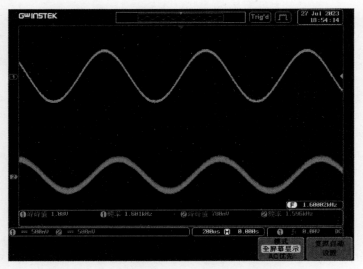

图 3-5-20　带通滤波器高频截止频率输入输出测试结果

演示视频

实验报告

七、实验报告

将实验数据填入表 3-5-7～表 3-5-11。

表 3-5-7　指标参数 1

名　　称	A_0	ω_c	ω_p
低通滤波器			
高通滤波器			

表 3-5-8　指标参数 2

名　　称	A_0	ω_0	ω_L	ω_H
带通滤波器				

表 3-5-9　低通滤波器测试

f/Hz	50	200	400	600	800	900	1k	5k	10k
V_o/V_i									

表 3-5-10　高通滤波器测试

f/Hz	100	300	500	700	900	1k	2k	5k	10k
V_o/V_i									

表 3-5-11　带通滤波器测试

f/Hz	50	200	400	600	800	1k	1.5k	2k	5k
V_o/V_i									

思考题

1. 简述等效品质因数 Q 对幅频特性曲线的影响。

2. 实验测试得到的截止频率和理论计算的有偏差,请分析是什么原因导致的。

3.5.2 拓展实验

一、基本原理

图 3-5-21 所示的实验电路是一种温度报警器电路,当温度达到一定值时,扬声器报警。

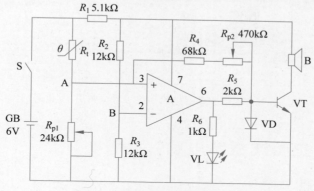

图 3-5-21 温度报警器电路

从图 3-5-21 中可以看到,运算放大器 A 作比较电路,由扬声器 B 作报警信号,发光二极管 VL 作显示信号。合上开关 S,由电阻 R_2 和 R_3 提供基准电压,调节电位器。R_p 使正常时 A 点电压小于 B 点电压,即 $U_A < U_B$,运算放大器 A 的 6 脚输出低电平(约 0V),发光二极管 VL 不亮,扬声器不响。当温度超过设定值时,负电阻系数热敏电阻 R_t 阻值变小,使 $U_A > U_B$,运算放大器 A 的 6 脚输出高电平(约 6V),VL 点亮,同时该输出电压经电阻 R_5 降压,输出信号经三极管 VT 放大,由扬声器 B 发出报警声。

二、元器件选择

拓展实验器件清单如表 3-5-12 所示。

表 3-5-12 拓展实验器件清单

编　号	名　称	型　号	数　量
R_1	电阻	5.1kΩ	1
R_2、R_3	电阻	12kΩ	2
R_4	电阻	68kΩ	1
R_5	电阻	2kΩ	1
R_6	电阻	1kΩ	1
R_{p1}	可调电阻	24kΩ	1
R_{p2}	可调电阻	470kΩ	1
R_t	负电阻系数热敏电阻	50kΩ	1
VT	三极管	9013	1
VL	发光二极管	红色	1
VD	二极管	1N4148	1
B	扬声器	8Ω	1

三、电路示例

温度报警器电路面包板整体布局图如图 3-5-22 所示。

面包板布局图

演示视频

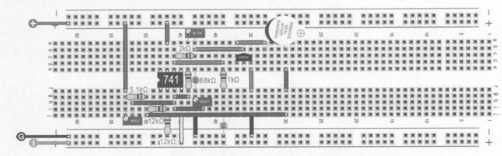

图 3-5-22　温度报警器电路面包板整体布局图（见彩插）

3.6　*RC* 正弦波振荡电路

3.6.1　基础实验

一、实验目的

1. 熟悉用运算放大器构成正弦波振荡电路。
2. 掌握 *RC* 桥式正弦波振荡电路的组成、工作原理及其振荡条件。
3. 熟悉常用电子测量仪器仪表的使用方法。
4. 掌握电子仿真软件 Multisim 的使用方法。
5. 了解 *RC* 桥式正弦波振荡电路的主要用途。

二、实验仪器

1. 多功能混合域示波器 MDO-2000A。
2. 多通道函数信号发生器 MFG-2220HM。
3. 双显测量万用表 GDM-8352。
4. 直流稳压电源 GPD-3303。

三、实验器材

实验器件清单如表 3-6-1 所示。

表 3-6-1　实验器件清单

编　号	名　称	型　号	数　量
R	电阻	15kΩ	2
C	电容	10nF	2
R_1	电阻	15kΩ	1
R_2	电阻	15kΩ	1
R_3	可调电阻	50kΩ	1
U_1	运算放大器	741	1
D_1	二极管	1N4148	1

续表

编　号	名　　称	型　号	数　量
D_2	二极管	1N4148	1
Q_1	面包板		1
	导线		若干

四、实验原理

1. 实验电路

实验电路如图 3-6-1 所示,这是一个集成运算放大器组成的 RC 串并联桥式正弦波振荡电路(也叫文氏振荡电路),无须外部激励,便能自动输出幅度和频率一定的正弦波信号。其中,两个 R、C 组成串并联选频网络,与运算放大器 U_1 的同相输入端和输出端构成正反馈,由此产生正弦自激振荡;R_1、R_2 和 R_3 组成同相放大器的负反馈网络;为了稳定振荡幅度,在 R_2 两端并联非线性元件,这里由两个二极管 D_1 和 D_2 反并联组成,用以自动调整负反馈放大电路的增益,从而维持输出电压的稳定。

通常情况下,用 RC 串并联桥式正弦波振荡电路产生 1Hz～1MHz 的低频信号。

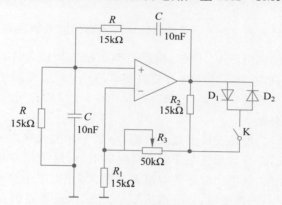

图 3-6-1　RC 串并联桥式正弦波振荡电路

2. RC 串并联选频网络的频率特性

如图 3-6-2 所示,RC 串并联选频网络由一组 R、C 串联和一组 R、C 并联组成,其中 R、C 一般取值相同,正反馈的反馈系数为

$$F_V = \frac{\dot{V}_f}{\dot{V}_o} = \frac{R // \dfrac{1}{j\omega C}}{R + \dfrac{1}{j\omega C} + R // \dfrac{1}{j\omega C}} = \frac{1}{3 + j\left(\dfrac{\omega}{\omega_0} - \dfrac{\omega_0}{\omega}\right)} \tag{3-6-1}$$

因此,RC 串并联选频网络的幅频特性和相频特性分别为

$$|F_V| = \frac{1}{\sqrt{3^2 + \left(\dfrac{\omega}{\omega_0} - \dfrac{\omega_0}{\omega}\right)^2}} \tag{3-6-2}$$

$$\varphi_f(\omega) = -\arctan \frac{\dfrac{\omega}{\omega_0} - \dfrac{\omega_0}{\omega}}{3} \tag{3-6-3}$$

令 $\omega_0 = 1/RC$，当 $\omega = \omega_0$ 时，RC 串并联选频网络的频率特性如图 3-6-3 所示。此时的幅频响应有最大值 $|F_V| = 1/3$，相频响应 $\varphi_f(\omega) = 0°$，满足振荡的相位平衡条件，振荡频率为

$$f_0 = \frac{1}{2\pi RC} \tag{3-6-4}$$

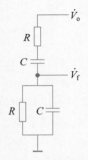

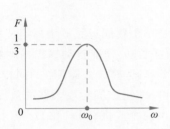

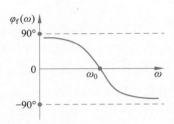

图 3-6-2　RC 串并联选频网络　　　　　图 3-6-3　RC 串并联选频网络的频率特性

3. 起振条件

由以上分析可知，只有在 $f = f_0 = 1/2\pi RC$ 时，才能使经选频网络反馈到运算放大器同相输入端的电压 $\dot{V}_f$ 与输出电压 $\dot{V}_o$ 同相，满足自激振荡的相位条件，当幅值条件也能满足 $|A_V F_V| > 1$ 时，电路可以起振。由上述分析可知，$|F_V| = 1/3$，而同相比例放大电路的放大增益为 $A_V = 1 + R_f/R_1$，因此，当 $A_V > 3$ 时，有 $R_f/R_1 > 2$。只有同时满足相位和幅值两个条件时，电路才能自激起振。

振荡条件建立之后，当电路一接上直流电源，由于电冲激或噪声或干扰等信号的存在，它们都含有丰富的谐波，总有与振荡频率 f_0 相同的谐波，这个信号虽然很微弱，但经过放大电路和反馈网络的作用，使输出信号的幅值越来越大，受限于运算放大器的性能指标，当输出信号的幅值增大到一定程度时，就会产生波形失真，因此需要引入稳幅环节。

4. 稳幅措施

为了稳定振荡幅度，通常在负反馈的回路里加入非线性元件，用以自动调整负反馈放大电路的增益 A_V，从而维持输出电压 V_o 的稳定。该电路引入的非线性元件为二极管，从二极管伏安特性曲线可以看出，当二极管电压很小时，二极管处于截止状态，此时二极管内阻很大；当二极管电压增大到一定程度时，二极管导通，此时二极管内阻又很小。由图 3-6-1 可知，该电路的稳幅措施是在电阻 R_2 两端并联两个二极管 D_1 和 D_2，令二极管内阻为 r_D，此时的 $R_f = R_2 // r_D + R_3'$（R_3' 为可变电阻 R_3 接入电路的部分），由此可知，加入稳幅环节后，负反馈放大电路的增益为

$$A_V = 1 + \frac{R_f}{R_1} = 1 + \frac{R_2 // r_D + R_3'}{R_1} \tag{3-6-5}$$

当输出电压幅值很小时，二极管两端电压小，二极管内阻 r_D 很大，反馈电阻 R_f 较大，A_V 也较大，有利于起振；当输出电压幅值增大到一定程度时，二极管导通，二极管内阻 r_D 开始减小，反馈电阻 R_f 也减小，A_V 也随之下降，使得输出电压的幅值趋于稳定，A_V 稍大于 3。

五、预习要求

1. 理论计算

复习理论教材中有关 RC 振荡电路的结构和工作原理,掌握原理图中满足振荡条件的 R_3'(R_3' 为可变电阻 R_3 接入电路的部分)及其振荡频率 f_0 的计算方法。根据图 3-6-1,当运算放大器的直流电源为 $\pm12\text{V}$,$R=15\text{k}\Omega$,$C=10\text{nF}$,$R_1=R_2=15\text{k}\Omega$,$R_3=50\text{k}\Omega$,试计算以下参数,并填入表 3-6-2 中。

表 3-6-2 满足振荡条件的振荡频率 f_0 和电阻 R_3'

已 知 条 件					求 解	
$R/\text{k}\Omega$	C/nF	$R_1/\text{k}\Omega$	$R_2/\text{k}\Omega$	$R_3/\text{k}\Omega$	f_0/Hz	$R_3'/\text{k}\Omega$
15	10	15	15	50		

2. 仿真验证

电路仿真使用仿真软件 Multisim,电路图如图 3-6-4 所示。注意 $\dot{V}_\text{f}$ 和 $\dot{V}_\text{o}$ 分别接示波器的 A、B 两端,$\dot{V}_\text{f}$ 的输出波形用浅色表示,$\dot{V}_\text{o}$ 的输出波形用深色表示,同时观测两路波形。

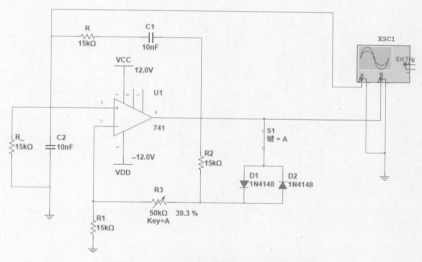

图 3-6-4 RC 串并联振荡电路仿真电路图

（1）闭合开关 S_1,当调整 R_3 的值时,可以观察输出电压从无到有的仿真波形,如图 3-6-5 所示。记录此时的 R_3'(R_3' 为可变电阻 R_3 接入电路的部分)的值,分析 R_3' 的值对起振条件和输出波形的影响。

（2）继续调整 R_3,使电路输出稳定的不失真波形,如图 3-6-6 所示。记录此时的 R_3'(R_3' 为可变电阻 R_3 接入电路的部分)的值,测量输出波形的幅度和频率,分析电路的振荡条件。

从图 3-6-6 中可以看出,振荡周期为 $T_0=0.95\text{ms}$,换算频率 $f_0=1/T_0$,f_0 约为 1060Hz,$\dot{V}_\text{f}$ 与 $\dot{V}_\text{o}$ 同相,$F_\text{V}=\dot{V}_\text{f}/\dot{V}_\text{o}\approx1/3$,与图 3-6-1 原理图计算出的理论值相符。

（3）继续增大 R_3 的值,使 A_V 远大于 3,此时的放大电路工作于非线性区,输出波形出现失真,如图 3-6-7 所示。

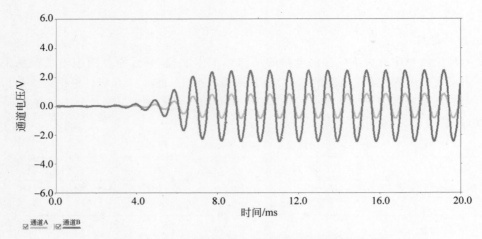

图 3-6-5 闭合 S₁ 开关,输出电压从无到有的仿真波形

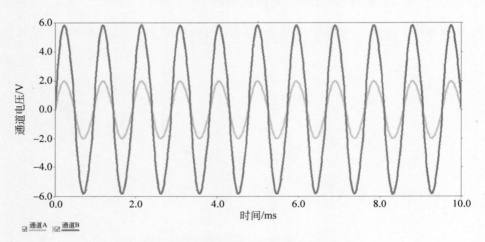

图 3-6-6 输出电压稳定不失真波形

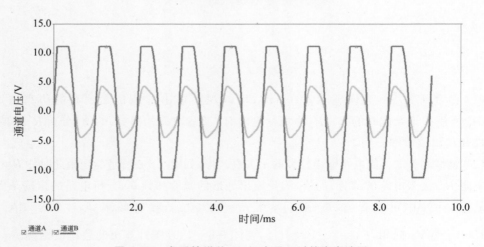

图 3-6-7 负反馈增益 A_V 远大于 3 时的失真波形

（4）断开开关 S_1，调整 R_3 的值时，观察输出电压从无到有再到稳定的仿真波形，如图 3-6-8 所示。记录各临界点的 R_3'（R_3' 为可变电阻 R_3 接入电路的部分）的值，分析 R_3' 的值和开关 S_1 对起振条件和输出波形的影响。

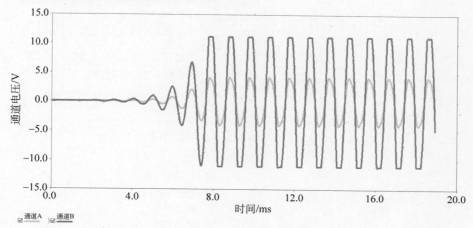

图 3-6-8 断开 S_1 开关，输出电压从无到有的仿真波形

（5）改变 RC 串并联选频网络中 R、C 的值，观察输出波形有哪些参数发生变化，并与理论计算值对比分析。

六、实验内容

1. 实验步骤

（1）按照图 3-6-1 进行电路连接，为运算放大器提供±12V 电源，闭合开关 S，调节可变电阻 R_3，使得 R_3' 略大于 30kΩ，按照前面仿真所述方法，观察输出波形从无到有的变化过程，记录输出波形稳定不失真时的输出电压值和振荡频率值。

（2）改变选频网络 R、C 的值，观察振荡频率的变化情况。

（3）断开开关 K，重新调节可变电阻 R_3，观察输出波形有何变化。

（4）断开 RC 串并联选频网络与放大器同相输入端的连接，使用函数信号发生器为 RC 选频网络提供输入信号，保持函数信号发生器的幅值不变，调整其输出频率，观察并测量 RC 选频网络的幅频特性。

2. 注意事项

（1）在测试过程中，使用的所有测量仪器应与实验电路共地。

（2）在实际测量中，应将所有信号和仪器连接完毕后，再对电路板进行供电。

（3）注意运算放大器的正负电源极性不得接反。

3. 实验示例

RC 串并联振荡电路面包板整体布局图如图 3-6-9 所示。

电路板中采用 741 运算放大器，其引脚图如图 3-6-10 所示。

741 芯片供电电源选取±12V，由直流稳压电源供电。选取 $R=15$kΩ，$C=10$nF，$R_1=R_2=15$kΩ，$R_3=50$kΩ，调节可变电阻 R_3，使得 A_V 略大于 3，输出波形稳定不失真。示波器中上方波形代表同相输入端 V_f 电压，下方波形代表输出电压 V_o，如图 3-6-11 所示。

继续调节可变电阻 R_3，使得 A_V 远大于 3，输出波形出现失真，如图 3-6-12 所示。

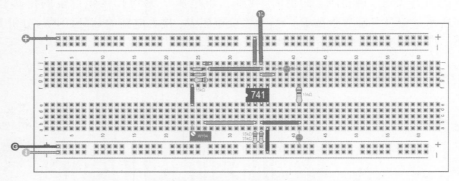

图 3-6-9 RC 串并联振荡电路面包板整体布局图（见彩插）

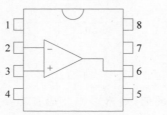

2脚 反相输入端

3脚 同相输入端

4脚 负电源端

7脚 正电源端

6脚 输出端

8脚 空脚

1脚和5脚 外接调零电位器

图 3-6-10 741 芯片引脚图

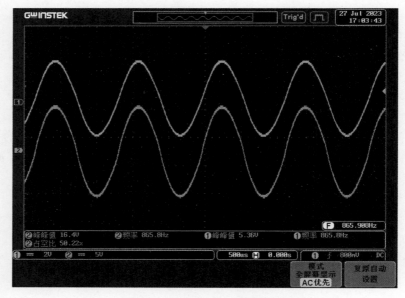

图 3-6-11 稳定不失真输出波形

七、实验报告

当运算放大器的直流电源为 $\pm 12\text{V}$，$R = 15\text{k}\Omega$，$C = 10\text{nF}$，$R_1 = R_2 = 15\text{k}\Omega$，$R_3 = 50\text{k}\Omega$ 时，将实验数据填入表 3-6-3。

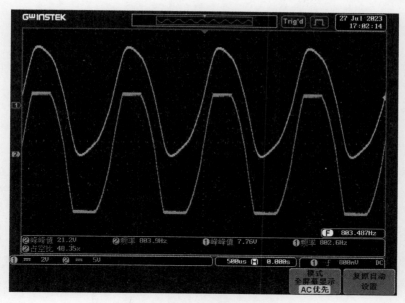

图 3-6-12　输出波形出现失真

表 3-6-3　RC 串并联振荡电路的相关参数

$R_3'/\mathrm{k\Omega}$	f_0/Hz	A_V	画出 $\dot{V}_\mathrm{f}$ 和 $\dot{V}_\mathrm{o}$ 的电压波形

思考题

1. 简述振荡电路的振荡条件和稳幅措施的作用。
2. 如果电路不起振，应该如何调整参数？
3. 要改变电路的振荡频率，又该调整什么参数？
4. 稳幅环节除了用二极管实现，是否还有其他方案，若有请描述原理。

3.6.2　拓展实验

一、基本原理

实验电路如图 3-6-13 所示，是通过 RC 振荡电路实现简易电子琴，本实验合理设置各参数，通过改变电阻 R_2 的阻值产生不同的频率信号，通过功率放大器进行信号放大，由扬声器发出不同的声音。

从图中可以看到，电路主要由 RC 振荡电路和功率放大电路两部分组成。RC 振荡电路不同于图 3-6-1 所示，$R_1 \neq R_2$，由此可推导出，此时电路的频率计算公式为

$$f_0 = \frac{1}{2\pi\sqrt{R_1 R_2}\,C} \tag{3-6-6}$$

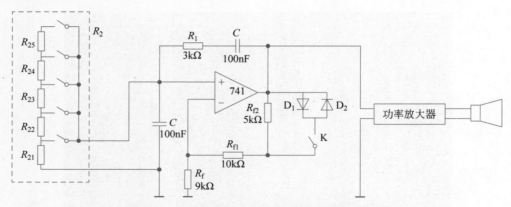

图 3-6-13　RC 振荡电路实现的简易电子琴电路图

经查阅资料,国际标准以 C 调为基准音的音阶对应的频率如表 3-6-4 所示,再通过频率公式进行理论计算,将对应的 R_2 的阻值也填入表 3-6-4。功率放大电路设计为甲类功率放大,放大信号完整不失真。

表 3-6-4　C 调音阶对应基本频率 f_0 和电阻 R_2

名　称	dou	ruai	mi	fa	sou
频率/Hz	264	297	330	352	396
对应 R_2 阻值	R_{25}	R_{24}	R_{23}	R_{22}	R_{21}
R_i/Ω	2545	1820	940	1432	1024

二、元器件选择

从工作原理可以分析出,改变选频网络 R_2 的阻值可以实现不同的频率输出,对应产生不同的音阶,然而,实验过程中发现,当选频网络中的 R、C 取值不一样时,F 不恒等于 1/3,为了达到振荡平衡的条件,放大倍数 A 要随着 F 不断调整,保证电路可以正常工作,因此可通过改变 R_{f1} 的阻值来调整 A 的大小。感兴趣的读者可以自己动手拓展更多音阶的电子琴电路,拓展实验器件清单如表 3-6-5 所示;甲类功率放大器虽然放大信号完整不失真,但同时存在效率低的问题,读者也可以自行设计其他功率放大器。

表 3-6-5　拓展实验器件清单

编　号	名　称	型　号	数　量
R_1	电阻	3kΩ	1
C	电容	100nF	4
R_{f1}、R_b	电阻	10kΩ	2
$R_{21} \sim R_{25}$	电阻	0~5kΩ	5
R_{f2}	电阻	5kΩ	1
R_f	电阻	9kΩ	1
R_c	电阻	1kΩ	2
U_1	运算放大器	741	1
D_1	二极管	1N4148	1
D_2	二极管	1N4148	1
BJT	三极管	S9013	1

续表

编　号	名　称	型　号	数　量
Q_1	面包板		1
K	开关		5
Y	扬声器	$8\Omega,0.5W$	1
	导线		若干

三、电路示例及效果演示

RC 振荡电路实现简易电子琴的电路如图 3-6-14 所示。

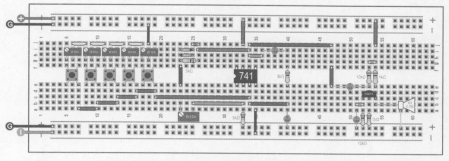

面包板布局图

演示视频

图 3-6-14　RC 振荡电路实现简易电子琴电路面包板整体布局图（见彩插）

第 4 章

数字电子技术基础实验

4.1 集成逻辑门电路

4.1.1 基础实验

一、实验目的

1. 熟悉 TTL 和 CMOS 集成芯片的特点、使用规则和方法。

2. 掌握 TTL 和 CMOS 逻辑门电路的逻辑功能及测试方法。

3. 学会门电路之间的转换,用"与非门"构成其他逻辑门。

4. 掌握数字电路实验中常用的各类电子仪器和面包板的正确使用方法。

二、实验仪器

1. 多功能混合域示波器 MDO-2202AG。

2. 多通道函数信号发生器 MFG-2220HM。

3. 双显测量万用表 GDM-8352。

4. 直流稳压电源 GPD-3303。

三、实验器材

实验器件清单如表 4-1-1 所示。

表 4-1-1 实验器件清单

编 号	名 称	型 号	数 量
1	芯片	74LS00	1
2	发光二极管	红色	9
3	拨码开关	直插式	2
4	电阻	220Ω	9
5	面包板	—	2
6	导线	—	若干

四、实验原理

在数字电路中,通常将输入和输出间具有某些基本逻辑关系的电路称为门电路,它是数字电路的基本组成单元。基本门电路有与门、或门和非门。此外,常用的门电路还有与非门、或非门、异或门等。

目前数字系统中普遍使用的是晶体管-晶体管逻辑门(transistor transistor logic,TTL)和互补型金属-氧化物-半导体场效应晶体管(complementary metal oxide semiconductor,CMOS)集成电路。TTL集成电路工作速度高、带载能力强、抗干扰能力强、输出幅度比较大,在数字电路系统中得到了广泛的应用。CMOS集成电路具有功耗低、集成度高、抗干扰能力强等特点,但其工作速度较低。按照国际标准,TTL电路分为54系列和74系列,两者的区别如表4-1-2所示。74系列又分为若干子系列,不同产品具有不同的功耗、速度和抗干扰容限等。其中74××是标准系列,74LS××是低功耗肖特基系列。

表 4-1-2　54 系列和 74 系列 TTL 电路特点

系　　列	供 电 条 件	环 境 温 度	用　　途
54 系列	+4.5~+5.5V	−55~+125℃	军品
74 系列	+4.75~+5.25V	0~75℃	工业用品

CMOS系列也分为若干子系列,国际上通用的主要有美国无线电公司的CD4000系列和美国摩托罗拉公司的MC1400系列。

集成电路的封装形式有双列直插(DIP)、小外型封装(SOP)、四面扁平封装(QFP)等形式。实验室中所使用的集成芯片都是双列直插式的,如图4-1-1,首先应当了解芯片引脚的排列规律,确认电源、地以及各个功能引脚的位置,从而正确搭接电路。双列直插式芯片的引脚排列次序都有识别定位标志(半圆缺口),一般规律是将集成电路型号印刷面朝上,印有芯片型号、商标等字样。定位标志半圆缺口或圆点朝左(图4-1-2),左下第1脚为引脚1,其他引脚的排列次序及脚码按逆时针方向依次加1递增。在标准型TTL集成电路中,电源V_{CC}和地GND的位置相对固定,左上角一般为电源,右下角一般为地,大部分芯片的电源和地遵循这一规律。但也有特殊情况,使用时应当以具体芯片引脚排列图为准。若集成芯片引脚上的功能标号为NC,则表示该引脚为空脚,与内部电路没有连接,制作空引脚的目的是集成芯片引脚数要符合标准,常见的标准集成芯片引脚数有8、14、16、20、24等。

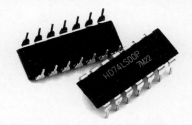

图 4-1-1　双列直插式封装外观

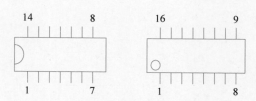

图 4-1-2　双列直插式芯片引脚排列

TTL 逻辑电平标准如表 4-1-3 所示。

表 4-1-3　TTL 逻辑电平标准

电源电压	U_{IH}	U_{IL}	U_{OH}	U_{OL}
(+5±0.5)V	≥2.0V	≤0.8V	≥2.4V	≤0.4V

对于TTL集成芯片,闲置不用的输入端使用时可以悬空,悬空相当于接逻辑"1"电平。

在小规模集成电路实验时允许悬空处理,但是由于悬空易受到外界干扰,破坏电路逻辑功能,所以在时序电路或者复杂的数字系统中,闲置输入端应当根据逻辑功能的要求接相应电平,不允许悬空。TTL 集成电路输出端不允许直接接电源或地,否则将损坏器件。但有时为了使后级电路获得较高的输出电平,允许输出端通过电阻接至电源,此时电阻阻值一般取 $3\sim5.1\mathrm{k}\Omega$。TTL 集成电路的输出端也不允许并联使用(集电极开路和三态电路除外),否则不仅会使电路逻辑功能混乱,还可能导致器件损坏。

在使用 CMOS 集成电路时,不用的输入端不能悬空,而应根据逻辑要求接逻辑"1"电平或逻辑"0"电平,否则栅极悬空极易因静电感应而击穿,造成永久性损坏,也容易受到外界干扰,使电路工作不稳定,造成逻辑功能的混乱。在工作频率不高的电路中,可以将输入端并联使用。CMOS 电路由于输入阻抗很高,在没有与其他电路连接之前,各输入端均处于开路状态,极易受外界静电的感应,有时会产生高达数百伏甚至数千伏的静电电压,将器件破坏。因此,在使用和存放 CMOS 电路时,要注意静电屏蔽,并且注意在连线或改变电路连线时严禁带电拔插集成芯片。输出端不允许直接接电源或地,否则将导致器件损坏。CMOS 逻辑电平标准如表 4-1-4 所示。

表 4-1-4　CMOS 逻辑电平标准

电源电压	U_{IH}	U_{IL}	U_{OH}	U_{OL}
$(+5\pm0.5)\mathrm{V}$	$\geqslant3.5\mathrm{V}$	$\leqslant1.0\mathrm{V}$	$\approx5\mathrm{V}$	$\approx0\mathrm{V}$

与非门是一种应用最为广泛的基本逻辑门电路,用与非门可以组成任何形式的其他类型的逻辑门。本实验采用 74LS00 芯片,74LS00 是一个典型的 TTL 门电路,如图 4-1-3 所示,在一个 74LS00 集成芯片内含有 4 个相对独立的 2 输入与非门,称为四-2 输入与非门。74LS20 是二-4 输入与非门,即由 2 个 4 输入与非门组成,其功能引脚如图 4-1-4 所示。NC 为空脚,A、B、C、D 为输入,Y 为输出。

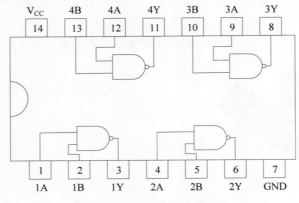

图 4-1-3　74LS00 引脚排列图

五、预习要求

复习门电路工作原理及相应逻辑表达式,熟悉所用门电路的引脚排列和相应引脚的功能,使用 Multisim 软件搭建电路完成仿真。

1. 仿真验证"与非"门的逻辑功能

仿真电路如图 4-1-5 所示。输入逻辑电平由单刀双掷开关提供,输出逻辑电平由指示

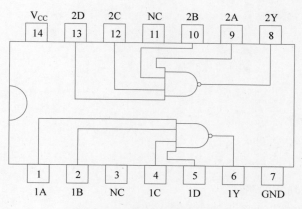

图 4-1-4 74LS20 引脚排列图

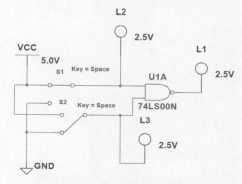

图 4-1-5 与非门仿真电路图

灯状态显示。接通电源改变输入端状态,观察输出结果。

2. 用"与非"门组成"非"门、"与"门、"或"门,并仿真验证其逻辑功能

(1)"非"门逻辑功能的测试。

化简非变化为"与非"门形式:

$$Y = \overline{A} = \overline{A \cdot A} \tag{4-1-1}$$

仿真电路如图 4-1-6 所示。

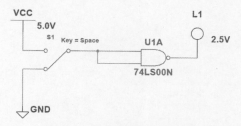

图 4-1-6 "非"门仿真电路图

(2)"与"门逻辑功能的测试。

$$Y = A \cdot B = \overline{\overline{A \cdot B}} \tag{4-1-2}$$

仿真电路如图 4-1-7 所示。

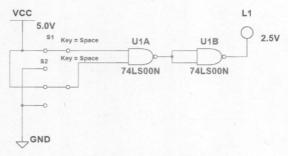

图 4-1-7 "与"门仿真电路图

（3）"或"门逻辑功能的测试。

化简或变化为"与非"门形式：

$$Y = A + B = \overline{\overline{A + B}} = \overline{\overline{A} \cdot \overline{B}} \qquad (4\text{-}1\text{-}3)$$

仿真电路如图 4-1-8 所示。

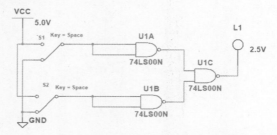

图 4-1-8 "或"门仿真电路图

3. 用"与非"门组成"或非"门、三输入"与非"门，并仿真验证其逻辑功能

（1）"或非"门逻辑功能的测试。

化简或非变化为"与非"门形式：

$$Y = \overline{A + B} = \overline{A} \cdot \overline{B} = \overline{\overline{\overline{A} \cdot \overline{B}}} \qquad (4\text{-}1\text{-}4)$$

仿真电路如图 4-1-9 所示。

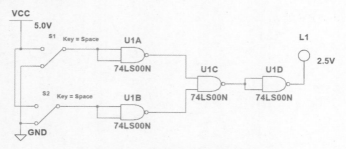

图 4-1-9 "或非"门仿真电路图

（2）三输入"与非"门逻辑功能的测试。

化简三输入"与非"门变化为两输入"与非"门形式：

$$Y = \overline{ABC} = \overline{(A \cdot B) \cdot C} = \overline{\overline{\overline{(A \cdot B)} \cdot C}} \qquad (4\text{-}1\text{-}5)$$

仿真电路如图 4-1-10 所示。

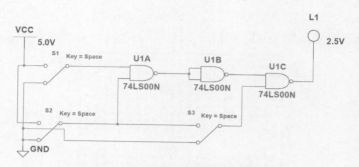

图 4-1-10   三输入"与非"门仿真电路图

六、实验内容

1. 实验步骤

（1）设计如图 4-1-11 所示，利用面包板搭建输入输出控制电路，其中开关作为输入，LED 验证输出，通过拨码开关控制不同的输入，使 LED 灯亮灭，验证逻辑电平 0 和 1。

（2）按照预习所述方法设计实验，连接图如图 4-1-12 所示，利用面包板搭建电路，验证"与非"门逻辑功能。

（3）对电路板进行供电，芯片 74LS00 的 14 引脚接电源 5V，7 引脚接地，其余引脚分别接输入和输出的控制端。

（4）改变输入值，并将测试结果填入表中。

（5）整理实验数据，完成实验报告。

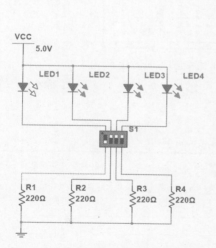

图 4-1-11   输入输出控制电路仿真图

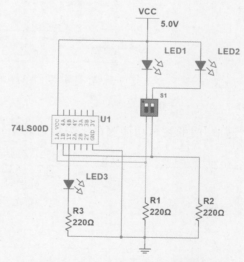

图 4-1-12   "与非"门验证电路仿真图

2. 注意事项

（1）在测试过程中，使用的所有仪器应与实验电路共地。

（2）连接时正确摆放芯片位置和方向，芯片 V_{CC}、GND、逻辑芯片的输入端和输出端引脚不要接错，线接好仔细检查无误后方可通电实验。

（3）实验中需要改动接线或排查问题时，必须先断开电源，接好后再通电。

3. 实验示例

电路板整体布局图如图 4-1-13 和图 4-1-14 所示。

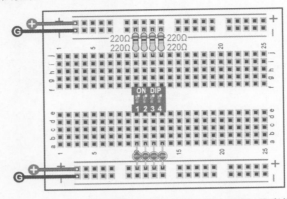

图 4-1-13　输入输出控制电路面包板整体布局图（见彩插）

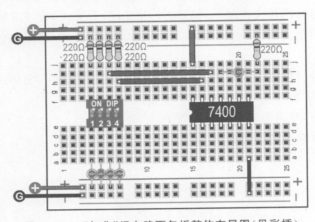

图 4-1-14　"与非"门电路面包板整体布局图（见彩插）

七、实验报告

"与非"门的逻辑功能测试结果填入表 4-1-5。

表 4-1-5　"与非"门电路测试结果

输　　入		输　　出
A	*B*	*Y*
0	0	
0	1	
1	0	
1	1	

思考题

1. TTL"与非"门输入端悬空相当于输入什么电平？

2. 各门的输出端是否可以连起来用，以实现"线与"功能？想实现"线与"用什么门？

4.1.2 拓展实验

一、实验原理

举重比赛有 3 个裁判：1 个主裁判、2 个副裁判。每个裁判通过自己的按钮表示自己的评判结果。只有两个以上的裁判(其中必须有主裁判)评判结果为"成功"时，最终评判结果才为"成功"。

问题分析：设主裁判为 A，2 个副裁判分别为 B 和 C，根据题意，输入为 A、B 和 C，输出用 Y 表示。判决为举起者，压下按钮为 1，否则为 0；判决结果举起者为 1，否则为 0。根据结果，可列出真值表如表 4-1-6 所示。

表 4-1-6 真值表

输 入			输 出
A	B	C	Y
0	0	0	0
0	0	1	0
0	1	0	0
0	1	1	0
1	0	0	0
1	0	1	1
1	1	0	1
1	1	1	1

用逻辑代数法，将真值表得到的逻辑表达式化简，由真值表

$$Y = A\bar{B}C + AB\bar{C} + ABC = A\bar{B}C + ABC + AB\bar{C} + AB = AC + AB \tag{4-1-6}$$

或者用卡诺图法直接将函数化简，如图 4-1-15 所示。

由卡诺图可以得到

$$Y = AC + AB \tag{4-1-7}$$

如果用"与非"门实现该逻辑功能，将 Y 进行变换

$$Y = AC + AB = \overline{\overline{AB + AC}} = \overline{\overline{AC} \cdot \overline{AB}} \tag{4-1-8}$$

其表决电路逻辑图如图 4-1-16 所示。

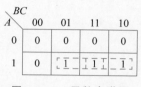

图 4-1-15 函数卡诺图

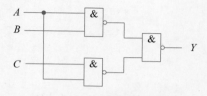

图 4-1-16 表决电路逻辑图

用 74LS00 实现表决电路，仿真图如图 4-1-17 所示。拨码开关表示三个输入，表决电路输出连接 LED，显示表决结果。

二、元器件选择

拓展实验器件清单如表 4-1-7 所示。

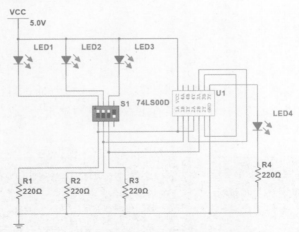

图 4-1-17　表决电路仿真图

表 4-1-7　拓展实验器件清单

编　号	名　称	型　号	数　量
R_1、R_2、R_3、R_4	电阻	220Ω	4
LED$_1$、LED$_2$、LED$_3$、LED$_4$	发光二极管	红色	4
S$_1$	拨码开关	直插式	1
U$_1$	芯片	74LS00	1

三、电路示例

表决电路面包板整体布局图如图 4-1-18 所示。

面包板布局图

演示视频

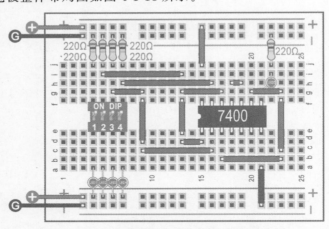

图 4-1-18　表决电路面包板整体布局图（见彩插）

4.2　中规模组合逻辑电路

4.2.1　基础实验

一、实验目的

1. 掌握组合逻辑电路的特点和一般分析方法。

2. 掌握组合逻辑电路的设计方法。

3. 掌握常用的中规模集成(MSI)电路芯片的逻辑功能及使用方法,如数据选择器和译码器。

4. 能够应用中规模集成电路芯片实现各种电路。

二、实验仪器

1. 多功能混合域示波器 MDO-2202AG。

2. 多通道函数信号发生器 MFG-2220HM。

3. 双显测量万用表 GDM-8352。

4. 直流稳压电源 GPD-3303。

三、实验器材

实验器件清单如表 4-2-1 所示。

表 4-2-1　实验器件清单

编　号	名　　称	型　　号	数　量
1	芯片	74LS48	1
2	芯片	共阴极数码管	1
3	发光二极管	红色	4
4	拨码开关	直插式	1
5	电阻	220Ω	4
6	面包板	—	1
7	导线	—	若干

四、实验原理

学习数字逻辑电路的理论和方法,其目的是应用数字逻辑电路,而逻辑设计是应用的基础。所谓逻辑设计就是根据给定的逻辑要求,设计出能实现其功能要求的逻辑电路。在使用小规模集成(small-scale integration,SSI)电路芯片来实现组合逻辑电路时,追求的是电路中逻辑门的数目最少、门的输入端数目最少。在应用中规模集成(medium-scale integration,MSI)、大规模集成(large-scale integration,LSI)电路芯片来实现组合逻辑电路时,则追求的是总的集成芯片数目最少、种类最少、集成电路间的连线数最少。

数字系统中按逻辑功能的不同,可将电路分成两大类,即组合逻辑电路和时序逻辑电路。组合逻辑电路是指任何时刻的稳定输出仅与当前时刻的电路输入有关,而与以前的输入无关的电路。组合逻辑电路的设计是指对给定的逻辑要求或已知的逻辑函数描述进行方案选择和器件选用等,最终设计出满足要求的逻辑电路。对于同一设计任务,可以采用不同的设计思路和设计方法,从而得到不同的设计结果。

1. 基于 MSI 的组合逻辑电路设计

小规模集成电路只能完成基本的逻辑运算,而中、大规模集成电路能够实现一定逻辑功能的逻辑部件。与小规模集成电路相比,中、大规模集成电路具有体积小、功耗低、功能灵活、连线少、可靠性高等优点。因此,选用合适的中、大规模集成电路芯片并辅以小规模集成电路实现给定的逻辑功能,是组合逻辑设计中首先要考虑的问题。

常用的中规模集成电路有编码器、译码器、数据选择器等。设计时必须以中规模集成电路基本功能为基础,从功能要求的系统框图出发,选用合适的中规模集成电路来实现预定的逻辑功能,进行数字电路的设计。然后再用小规模集成电路来设计辅助接口电路。

利用中规模集成电路芯片实现组合逻辑电路的设计基本步骤如下。

(1) 首先根据给出的实际问题进行逻辑抽象,确定输入变量和输出变量,定义逻辑状态的含义,再按照要求给出事件的因果关系,列出真值表。

(2) 然后根据选定的中规模集成电路芯片进行相应的逻辑变换。

(3) 画出逻辑电路图。

(4) 根据逻辑电路图,结合芯片引脚图,画出芯片连线图。

利用中规模集成电路芯片实现组合逻辑电路的设计流程,如图 4-2-1 所示。

图 4-2-1　中规模集成芯片实现组合逻辑电路的设计流程

2. 编码器 74LS148

编码器和译码器是多路输入、多路输出的组合逻辑电路。编码是将某一待定含义的信息用一个二进制代码表示,实现编码操作的逻辑电路称为编码器。

中规模集成优先编码器 74LS148 是 8 线输入、3 线输出的二进制编码器,其作用是将输入 $\bar{I}_0 \sim \bar{I}_7$ 8 个状态分别编成 3 个二进制码输出,其功能表如表 4-2-2 所示,引脚排列如图 4-2-2 所示。74LS148 的输入信号和输出信号均为低电平有效。

表 4-2-2　74LS148 功能表

输　　入									输　　出				
$\overline{ST}$	$\bar{I}_0$	$\bar{I}_1$	$\bar{I}_2$	$\bar{I}_3$	$\bar{I}_4$	$\bar{I}_5$	$\bar{I}_6$	$\bar{I}_7$	$\bar{Y}_2$	$\bar{Y}_1$	$\bar{Y}_0$	$\bar{Y}_{EX}$	$\bar{Y}_S$
1	×	×	×	×	×	×	×	×	1	1	1	1	1
0	1	1	1	1	1	1	1	1	1	1	1	1	0
0	0	1	1	1	1	1	1	1	1	1	1	0	1
0	×	0	1	1	1	1	1	1	1	1	0	0	1
0	×	×	0	1	1	1	1	1	1	0	1	0	1
0	×	×	×	0	1	1	1	1	1	0	0	0	1
0	×	×	×	×	0	1	1	1	0	1	1	0	1
0	×	×	×	×	×	0	1	1	0	1	0	0	1
0	×	×	×	×	×	×	0	1	0	0	1	0	1
0	×	×	×	×	×	×	×	0	0	0	0	0	1

其中, $\bar{I}_0 \sim \bar{I}_7$:编码输入端,输入低电平表示有编码请求,优先级别从 $\bar{I}_7$ 至 $\bar{I}_0$ 递减。

$\overline{ST}$:输入使能端, $\overline{ST}=0$ 允许编码, $\overline{ST}=1$ 禁止编码。此时无论 $\bar{I}_0 \sim \bar{I}_7$ 为何种状态,所有输出端均为高电平。

$\bar{Y}_2$、$\bar{Y}_1$、$\bar{Y}_0$:3 位反码输出端。

$\bar{Y}_S$:用于级联控制,只有当 $\overline{ST}=0$,并且所有数据输入端 $\bar{I}_0 \sim \bar{I}_7$ 均为高电平时, $\bar{Y}_S = 0$,常用于级联,与另一片相同器件的 $\overline{ST}$ 相连,用于打开比它优先级低的芯片。

$\bar{Y}_{EX}$:编码状态标志位,表示芯片正在进行编码操作。

3. 译码器 74LS138

译码是编码的逆过程,实现译码操作的逻辑电路称为译码器。译码器是一个多输入、多输出的组合逻辑电路。它的作用是把给定的代码进行"翻译",变成相应的状态,使输出通道中相应的一路有信号输出。译码器在数字系统中有广泛的用途,不仅用于代码的转换、终端的数字显示,还用于数据分配、存储器寻址和组合控制信号等。

74LS138 是 3 线-8 线译码器,它有 A_0、A_1、A_2 三个输入脚,$\overline{Y}_0 \sim \overline{Y}_7$ 的八个输出脚,还有 $\overline{S}_A$、$\overline{S}_B$、$\overline{S}_C$ 三个控制脚。只有当 $\overline{S}_A = 0$,$\overline{S}_B = \overline{S}_C = 1$ 时,译码器才处于工作状态,输入端 A_0、A_1、A_2 的变化决定了 $\overline{Y}_0 \sim \overline{Y}_7$ 中总有一个为低电平,否则 $\overline{Y}_0 \sim \overline{Y}_7$ 都为高电平。图 4-2-3 为 74LS138 引脚图,表 4-2-3 为 74LS138 的功能表。

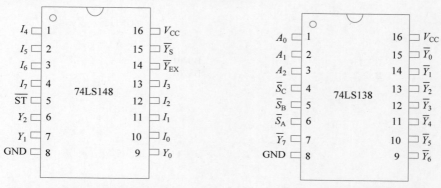

图 4-2-2 74LS148 引脚排列图 　　　　图 4-2-3 74LS138 引脚排列图

表 4-2-3 74LS138 功能表

S_A	$S_B + S_C$	A_2	A_1	A_0	$\overline{Y}_0$	$\overline{Y}_1$	$\overline{Y}_2$	$\overline{Y}_3$	$\overline{Y}_4$	$\overline{Y}_5$	$\overline{Y}_6$	$\overline{Y}_7$
0	×	×	×	×	1	1	1	1	1	1	1	1
×	1	×	×	×	1	1	1	1	1	1	1	1
1	0	0	0	0	0	1	1	1	1	1	1	1
1	0	0	0	1	1	0	1	1	1	1	1	1
1	0	0	1	0	1	1	0	1	1	1	1	1
1	0	0	1	1	1	1	1	0	1	1	1	1
1	0	1	0	0	1	1	1	1	0	1	1	1
1	0	1	0	1	1	1	1	1	1	0	1	1
1	0	1	1	0	1	1	1	1	1	1	0	1
1	0	1	1	1	1	1	1	1	1	1	1	0

4. 中规模集成显示译码器 74LS48

在数字系统中,常用数码显示器来显示系统的运行状态及工作数据,目前常用的数码显示器有二极管(LED)显示器、液晶显示器(LCD)等,而二极管显示器分为共阴极和共阳极两种,不同品种的显示器应配用相应的显示译码驱动器。

1) 二极管(LED)显示器

七段 LED 数码显示器常用有 BS201/202(共阴极)和 BS211/212(共阳极),其外形及等效电路如图 4-2-4 所示。其中,BS201 和 BS211 每段的最大驱动电流约为 10mA,BS202 和 BS212 每段的最大驱动电流约为 15mA。

以 BS201/202（共阴极）数码显示器为例，它实质上是由八个发光二极管经封装而制成，当有一个发光二极管的输入端为高电平，而公共端 COM 为低电平时，相应的管子就发光。在图 4-2-4 引脚图中就可以见到相应的亮线或点发光。

2）二极管显示器的驱动

驱动共阴极显示器的译码器输出应为高电平有效，如 74LS48、74LS49 和 74HC4511。而驱动共阳极显示器的译码器输出应为低电平有效，如 74LS46、74LS47 等。74LS47 为集电极开路输出，使用时要用外接电阻；而 74LS48 的内部有升压因此无须外接电阻（可以直接与显示器连接）。74LS48 的引脚图如图 4-2-5 所示，功能表如表 4-2-4 所示，其中，$A_3A_2A_1A_0$ 为 8421BCD 码输入端，$a \sim g$ 为 7 段译码输出端。

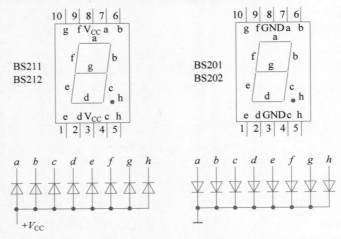

图 4-2-4　发光二极管 BS211/212（共阳极）和 BS201/202（共阴极）

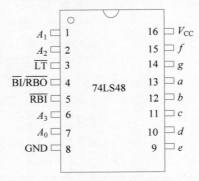

图 4-2-5　74LS48 引脚排列图

表 4-2-4　74LS48 功能表

功能或	输　入							输　出							显示
数字	$\overline{LT}$	$\overline{RBI}$	A_3	A_2	A_1	A_0	$\overline{BI/RBO}$	a	b	c	d	e	f	g	字形
灭灯	×	×	×	×	×	×	0（输入）	0	0	0	0	0	0	0	灭灯
试灯	0	×	×	×	×	×	1	1	1	1	1	1	1	1	8
动态灭零	1	0	0	0	0	0	0	0	0	0	0	0	0	0	灭灯
0	1	1	0	0	0	0	1	1	1	1	1	1	1	0	0

续表

功能或数字	输入							输出							显示字形
	$\overline{LT}$	$\overline{RBI}$	A_3	A_2	A_1	A_0	$\overline{BI}/RBO$	a	b	c	d	e	f	g	
1	1	×	0	0	0	1	1	0	1	1	0	0	0	0	¦
2	1	×	0	0	1	0	1	1	1	0	1	1	0	1	੮
3	1	×	0	0	1	1	1	1	1	1	1	0	0	1	ヨ
4	1	×	0	1	0	0	1	0	1	1	0	0	1	1	Ч
5	1	×	0	1	0	1	1	1	0	1	1	0	1	1	Ƽ
6	1	×	0	1	1	0	1	0	0	1	1	1	1	1	Ƃ
7	1	×	0	1	1	1	1	1	1	1	0	0	0	0	٦
8	1	×	1	0	0	0	1	1	1	1	1	1	1	1	8
9	1	×	1	0	0	1	1	1	1	1	1	0	1	1	9
10	1	×	1	0	1	0	1	0	0	0	1	1	0	1	ㄷ
11	1	×	1	0	1	1	1	0	0	1	1	0	0	1	⊃
12	1	×	1	1	0	0	1	0	1	0	0	0	1	1	Ц
13	1	×	1	1	0	1	1	1	0	0	1	0	1	1	⊑
14	1	×	1	1	1	0	1	0	0	0	1	1	1	1	—
15	1	×	1	1	1	1	1	0	0	0	0	0	0	0	∟

74LS48 各使能端功能简介如下。

$\overline{LT}$ 为灯测试输入使能端。当 $\overline{LT}=0$ 时,译码器各段输出均为高电平,显示器各段全亮,因此,$\overline{LT}=0$ 可用来检查 74LS48 和显示器的好坏。

$\overline{RBI}$ 为动态灭零输入使能端。在 $\overline{LT}=1$ 的前提下,当 $\overline{RBI}=0$ 且输入 $A_3A_2A_1A_0=0000$ 时,译码器各段输出全为低电平,显示器各段全灭,而当输入数据为非零数码时,译码器和显示器正常译码和显示。利用此功能可以实现对无意义位的零进行消隐。

$\overline{BI}$ 为静态灭灯输入使能端。只要 $\overline{BI}=0$,不论输入 $A_3A_2A_1A_0$ 为何种电平,译码器各段输出全为低电平,显示器灭灯(此时 $\overline{BI}/RBO$ 为输入使能)。

RBO 为动态灭零输出端。在不使用 $\overline{BI}$ 功能时,$\overline{BI}/RBO$ 为输出使能(其功能是只有在译码器实现动态灭零时 RBO=0,其他时候 RBO=1)。该端主要用于多个译码器级联时,实现对无意义的零进行消隐。实现整数位的零消隐是将高位的 RBO 接到相邻低位的 $\overline{RBI}$,实现小数位的零消隐是将低位的 RBO 接到相邻高位的 $\overline{RBI}$。

5. 数据选择器 74LS153/151

数据选择器又称多路转换器或多路开关,其功能是从多个输入数据中选择一个送往唯一通道输出。根据数据输入端的个数不同可分为 16 选 1、8 选 1、4 选 1 等数据选择器。数据选择器除了进行数据选择之外,还可以用来构成函数发生器。

74LS153 是双 4 选 1 数据选择器,其内部有两个完全独立的 4 选 1 数据选择器,每个数据选择器有 4 个数据输入端 $D_0 \sim D_3$,2 个地址输入端 A_1 和 A_0,一个输入使能端 $\overline{ST}$ 和一个输出端 Y,其功能如表 4-2-5 所示,当 $\overline{ST}=1$ 时,禁止数据选择,输出 $Y=0$;当 $\overline{ST}=0$ 时,允许数据选择,被选中数据从 Y 端原码输出。其引脚图如图 4-2-6 所示。

74LS151 是 8 选 1 数据选择器,其中,$D_0 \sim D_7$ 是 8 路数据输入端;$A_2A_1A_0$ 是 3 位地址输入端,Y 是被选中数据的原码输出端,$\overline{W}$ 是被选中的反码输出端。其功能如表 4-2-6 所示,其引脚如图 4-2-7 所示。

表 4-2-5 74LS153 功能表

地 址		使 能	数 据 输 入				输 出
A_1	A_0	$\overline{ST}$	D_3	D_2	D_1	D_0	Y
×	×	1	×	×	×	×	0
0	0	0	×	×	×	0	0
0	0	0	×	×	×	1	1
0	1	0	×	×	0	×	0
0	1	0	×	×	1	×	1
1	0	0	×	0	×	×	0
1	0	0	×	1	×	×	1
1	1	0	0	×	×	×	0
1	1	0	1	×	×	×	1

表 4-2-6 74LS151 功能表

地 址			使 能	输 出	
A_2	A_1	A_0	$\overline{ST}$	Y	$\overline{W}$
×	×	×	1	0	1
0	0	0	0	D_0	$\overline{D_0}$
0	0	1	0	D_1	$\overline{D_1}$
0	1	0	0	D_2	$\overline{D_2}$
0	1	1	0	D_3	$\overline{D_3}$
1	0	0	0	D_4	$\overline{D_4}$
1	0	1	0	D_5	$\overline{D_5}$
1	1	0	0	D_6	$\overline{D_6}$
1	1	1	0	D_7	$\overline{D_7}$

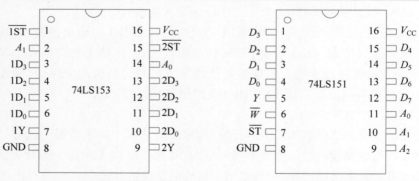

图 4-2-6 74LS153 引脚排列图　　　　图 4-2-7 74LS151 引脚排列图

数据选择器除了数据选择功能外,还可以作逻辑函数发生器。现以 74LS151 为例说明。由 74LS151 的真值表可以写出,当 $\overline{ST}=0$ 时,输出 Y 与输入地址码 $A_2A_1A_0$ 和输入数据 $D_0 \sim D_7$ 的逻辑函数关系为

$$Y = \sum_{i=0}^{7} m_i D_i \tag{4-2-1}$$

式中，M_i 是由地址码 $A_2A_1A_0$ 构成的最小项，显然当 $D_i=1$ 时，其对应的最小项在表达式中出现；当 $D_i=0$ 时，对应的最小项在表达式中不出现。因此，只要将地址码 $A_2A_1A_0$ 作为函数的输入变量，而数据输入 $D_0 \sim D_7$ 作为控制信号，控制各最小项是否在输出表达式中出现，就可实现组合逻辑函数发生器的功能。

五、预习要求

（1）使用 Multisim 软件搭建电路完成七段译码/驱动器仿真。

图 4-2-8 中使用 74LS48N 与共阴极数码管连接，74LS47N 与共阳极数码管连接，接通电源进行测试。输入 A、B、C、D 接单刀双掷开关，改变输入值。输出 $OA \sim OG$ 与数码管的 $ABCDEFG$ 对应连接，搭建电路后，改变输入信号 $DCBA$ 状态 $0000 \sim 1111$，观察并记录数码管的显示情况。此外，还可通过改变 $\overline{LT}$、$\overline{BI}/\overline{RBO}$、$\overline{RBI}$ 输入值测试"灯测试功能""灭灯功能""灭 0 功能"。

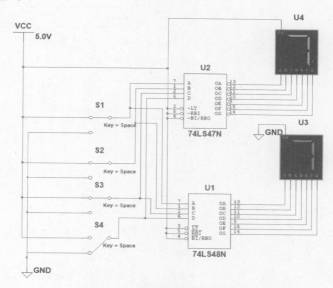

图 4-2-8 译码显示电路仿真图

（2）用 8 选 1 数据选择器 74LS151D 实现以下函数：
$$F = A\overline{B} + \overline{A}C + B\overline{C}$$
第一，写出最小项之和的形式：
$$F = A\overline{B} + \overline{A}C + B\overline{C} = AB\overline{C} + A\overline{B}C + \overline{A}BC + \overline{A}\overline{B}C + AB\overline{C} + \overline{A}B\overline{C} \quad (4\text{-}2\text{-}2)$$
令 $A_2=A$，$A_1=B$，$A_0=C$，则
$$F = A_2\overline{A}_1A_0 + A_2\overline{A}_1\overline{A}_0 + \overline{A}_2A_1A_0 + \overline{A}_2\overline{A}_1A_0 + A_2A_1\overline{A}_0 + \overline{A}_2A_1\overline{A}_0 \quad (4\text{-}2\text{-}3)$$
8 选 1 数据选择器 74LS151D 的逻辑函数为
$$Q = \overline{A}_2\overline{A}_1\overline{A}_0D_0 + \overline{A}_2\overline{A}_1A_0D_1 + \overline{A}_2A_1\overline{A}_0D_2 + \overline{A}_2A_1A_0D_3 + A_2\overline{A}_1\overline{A}_0D_4 +$$
$$A_2\overline{A}_1A_0D_5 + A_2A_1\overline{A}_0D_6 + A_2A_1A_0D_7 \quad (4\text{-}2\text{-}4)$$
通过观察得出，若 $D_5=D_4=D_3=D_1=D_6=D_2=1$，$D_0=D_7=0$，则 $Q=F$。

第二，使用 Multisim 软件仿真电路。

8 选 1 数据选择器选择控制端（地址端）A、B、C 接逻辑电平开关，D_0、D_7 接逻辑电平

低电平,其余接单刀双掷开关,改变输入值。输出 Y 接逻辑电平显示器。接通电源,进行测试。图 4-2-9 使用逻辑转换仪得到仿真结果,电路仿真图如图 4-2-10 所示。

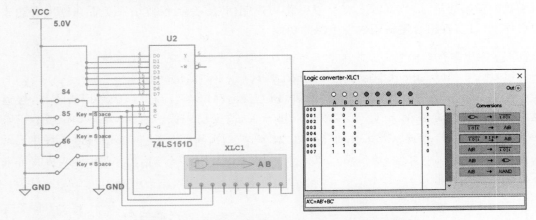

图 4-2-9　使用逻辑转换仪观察数据选择器实现逻辑函数

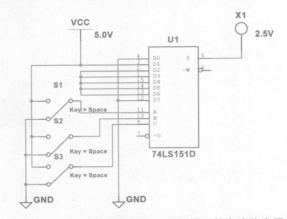

图 4-2-10　使用数据选择器实现逻辑函数电路仿真图

六、实验内容

1. 实验步骤

(1)按照预习所述方法设计实验,利用译码器芯片 74LS48D 与共阴极数码管在面包板上搭建 1 位数码管显示电路。其中开关作为输入接至 74LS48D 的输入 D、C、B、A 端,LED 作为输出,数码管显示结果。译码显示电路仿真图如图 4-2-11 所示。

(2)改变输入值,并将测试结果填入表中。

(3)整理实验数据,完成实验报告。

2. 注意事项

(1)熟悉芯片的引脚排列,连接时正确摆放芯片位置和方向,使用时引脚不要接错。特别注意电源和地引脚不要接反。线接好仔细检查无误后方可通电实验。

(2)实验中需要改动接线或排查问题时,必须先断开电源,接好后再通电。

(3)连接数码显示模块时注意高低位顺序。

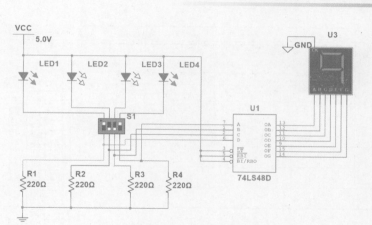

图 4-2-11 译码显示电路仿真图

3. 实验示例

译码显示电路面包板整体布局图如图 4-2-12 所示。

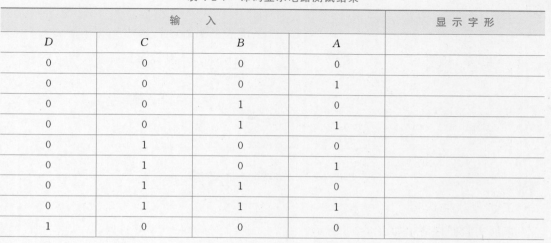

图 4-2-12 译码显示电路面包板整体布局图(见彩插)

面包板布局图

演示视频

实验报告

七、实验报告

将译码显示电路测试结果填入表 4-2-7。

表 4-2-7 译码显示电路测试结果

输 入				显 示 字 形
D	C	B	A	
0	0	0	0	
0	0	0	1	
0	0	1	0	
0	0	1	1	
0	1	0	0	
0	1	0	1	
0	1	1	0	
0	1	1	1	
1	0	0	0	

续表

输　　入				显 示 字 形
1	0	0	1	
1	0	1	0	
1	0	1	1	
1	1	0	0	
1	1	0	1	
1	1	1	0	
1	1	1	1	

思考题

1. 74LS151 芯片的输出使能端可以用于扩展吗？

2. 共阴和共阳数码管有什么不同？

3. 举例说明译码器的应用。

4.2.2　拓展实验

一、实验原理

关于举重比赛的实验，原理同 4.1.2 节，真值表同表 4-1-6。

用逻辑代数法，将真值表得到的逻辑表达式化简得到

$$Y = A\bar{B}C + AB\bar{C} + ABC = m_5 + m_6 + m_7 \tag{4-2-5}$$

观察得出 $D_5 = D_6 = D_7 = 1, D_0 = D_1 = D_2 = D_3 = D_4 = 0$。

用 74LS151N 实现表决电路，仿真图如图 4-2-13 所示。拨码开关表示三个输入，表决电路输出连接 LED，显示表决结果。

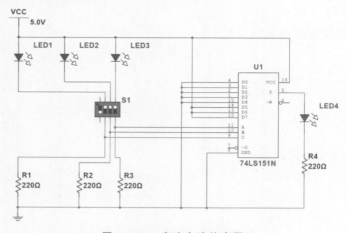

图 4-2-13　表决电路仿真图

二、元器件选择

拓展实验器件清单如表 4-2-8 所示。

表4-2-8 拓展实验器件清单

编　　号	名　　称	型　　号	数　　量
R_1、R_2、R_3、R_4	电阻	220Ω	4
LED_1、LED_2、LED_3、LED_4	发光二极管	红色	4
S_1	拨码开关	直插式	1
U_1	芯片	74LS151	1

三、电路示例

表决电路面包板整体布局图如图4-2-14所示。

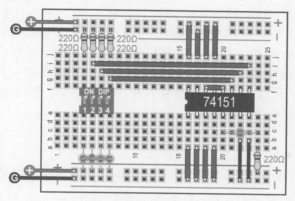

面包板布局图

演示视频

图4-2-14　表决电路面包板整体布局图（见彩插）

4.3　触发器及其应用

4.3.1　基础实验

一、实验目的

1. 掌握集成触发器的逻辑功能及其测试方法。

2. 学习用触发器组成时序逻辑电路的方法。

3. 掌握用 Multisim 软件进行触发器仿真实验的方法。

二、实验仪器

1. 多功能混合域示波器 MDO-2000A。

2. 多通道函数信号发生器 MFG-2220HM。

3. 双显测量万用表 GDM-8352。

4. 直流稳压电源 GPD-3303。

三、实验器材

实验器件清单如表4-3-1所示。

表 4-3-1　实验器件清单

名　称	型　号	数　量
D 触发器芯片	74LS74	2
JK 触发器芯片	74LS112	2
与非门芯片	74LS00	1
面包板	—	1
导线	—	若干

四、实验原理

触发器是具有记忆功能的二进制信息存储器件,是时序逻辑电路的基本单元之一。触发器具有两个稳定状态,分别用来表示逻辑 0 和逻辑 1。在一定的外界信号作用下,可从一个稳定状态翻转到另一个稳定状态,在输入信号取消后,能将获得的新状态保存下来。触发器输出不但取决于它的输入,而且还与它原来的状态有关。触发器接收信号之前的状态,称为初态,用 Q^n 表示;触发器接收信号之后的状态,称为次态,用 Q^{n+1} 表示。触发器按逻辑功能,可分为 RS 触发器、JK 触发器、D 触发器及 T 触发器等;按电路触发方式,可分为电平型触发器和边沿型触发器两大类。

1. 集成 D 触发器

利用时钟边沿控制的 D 触发器的逻辑符号如图 4-3-1 所示。它有四个输入端。其中 $\overline{R}_D$、$\overline{S}_D$ 分别称为直接置 0(复位)端和直接置 1(置位)端,其逻辑符号如图 4-3-1(a)所示。如使 $\overline{R}_D=0$,$\overline{S}_D=1$,则输出 $Q=0$;使 $\overline{R}_D=1$,$\overline{S}_D=0$,则 $Q=1$。触发器正常工作时应将 $\overline{R}_D$、$\overline{S}_D$ 端接高电平。在时钟脉冲 CP 上升沿触发下,触发器输出状态 Q^{n+1} 与 D 输入端信号相同,而与它的原来状态 Q^n 无关。于是,可写出 D 触发器的特性方程: $Q^{n+1}=D$。本实验采用 74LS74 型双 D 触发器,是上升沿触发的边沿触发器,引脚排列如图 4-3-1(b)所示。

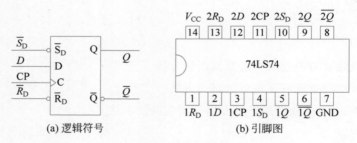

(a) 逻辑符号　　　　　　　(b) 引脚图

图 4-3-1　D 触发器

2. 集成 JK 触发器

下降沿触发的 JK 触发器的逻辑符号如图 4-3-2(a)所示。它有五个输入端。$\overline{R}_D$、$\overline{S}_D$ 为直接置 0(复位)端和直接置 1(置位)端。它们的功能与 D 触发器中介绍过的相同。J、K 为信号输入端,它的状态决定触发器将要翻转到的状态。若 $J=0$、$K=1$,无论 Q^n 为什么状态,都有 $Q^{n+1}=0$,即触发器翻转到 0 态,称为置 0;若 $J=1$、$K=0$,无论 Q^n 为什么状态,都有 $Q^{n+1}=1$,即触发器翻转到 1 态,称为置 1;若 $J=0$、$K=0$,此时 $Q^{n+1}=Q^n$,表明触发器在 CP 时钟脉冲下降沿触发后的状态保持原状态不变,称为保持;若 $J=1$、$K=1$,此时,

$Q^{n+1}=\overline{Q}^{n}$,表明触发器在 CP 时钟脉冲下降沿触发后的状态改变一次,为原态的反,称为计数。图 4-3-2(b)为下降沿触发的 JK 触发器 74LS112 的引脚图,由图可见,它是一个双 JK 触发器。

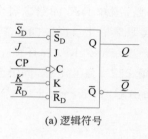

(a) 逻辑符号   (b) 引脚图

图 4-3-2   JK 触发器

3. 触发器的相互转换

在集成触发器的产品中,虽然每种触发器都有固定的逻辑功能,但可利用转换的方法得到其他功能的触发器。图 4-3-3 是将 JK 触发器转换成 T 触发器的原理图,这里直接把 JK 端相连接,并看作 T 端;图 4-3-4 是将 JK 触发器转换成 D 触发器的原理图。

了解触发器间的相互转换可在实际逻辑电路的设计和应用中更充分地利用各类触发器,同时也有助于更深入地理解和掌握各类触发器的特点与区别。

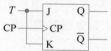

图 4-3-3   将 JK 触发器转换成 T 触发器

图 4-3-4   将 JK 触发器转换成 D 触发器

4. 用触发器构成时序电路

对给定的时序电路进行分析,就是求出给出的时序电路的状态表、状态图或时序图,从而确定其逻辑功能和工作特点。一般来说,分析一个给定电路可以从两方面着手:一方面,可以根据图纸写、输出方程、状态方程及驱动方程,从而画出电路的状态表、状态图、时序图,最后确定逻辑功能和工作特点,这是现场工作人员常用的方法;另一方面,可以根据电路图,搭接成实际的电路,输入信号,根据电路状态的变化,画出状态表、状态图、时序图,最后确定电路的逻辑功能和工作特点,这种方法只能在有条件的情况下进行。

例 4.3.1:分析如图 4-3-5 所示分频器电路逻辑功能。

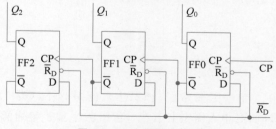

图 4-3-5   分频器电路图

第一步,按图接线。

第二步,清零。$Q_2 = Q_1 = Q_0 = 0$,否则,接线有问题,有可能是元件损坏或其他原因,将故障排除,再进行下一步。

第三步,送单脉冲。连续送单脉冲可以得到如表 4-3-2 所示的状态表。

表 4-3-2　分频器状态表

CP 数	二　进　制	十　进　制
0	000	0
1	001	1
2	010	2
3	011	3
4	100	4
5	101	5
6	110	6
7	111	7
8	000	0

第四步,根据状态表画状态图,如图 4-3-6 所示。

第五步,画时序图。根据实验可以画出如图 4-3-7 所示时序图。

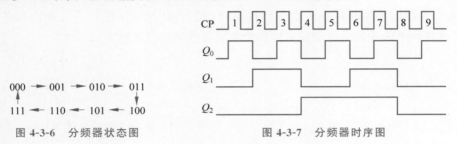

图 4-3-6　分频器状态图　　　　　　图 4-3-7　分频器时序图

电路中没有一个统一的时钟脉冲同步,电路状态的改变是由输入信号直接引起的。因此,它是一个异步时序电路。根据实验结果画出的状态图、时序图、状态表可以看出,该电路是一个八分频电路。

五、预习要求

仿真验证:八分频电路使用 Multisim 软件仿真,电路图如图 4-3-8 所示。

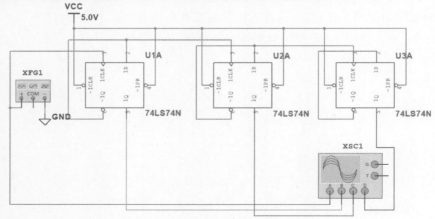

图 4-3-8　八分频电路的仿真电路

将四踪示波器从仪器工具中调出,输入通道 A 接脉冲信号,B 接 Q_0,C 接 Q_1,D 接 Q_2。

开启仿真开关,双击示波器图标,打开示波器面板,如图 4-3-9 所示。面板中第一行波形是脉冲信号波形,第二行是 Q_0 端波形,第三行是 Q_1 端波形,第四行是 Q_2 端波形。由图 4-3-9 可知,Q_0 端波形的 1 个周期等于脉冲信号的 2 个周期,Q_1 端波形的 1 个周期等于脉冲信号的 4 个周期,Q_2 端波形的 1 个周期等于脉冲信号的 8 个周期。因此,Q_2 端对脉冲信号进行了八分频。

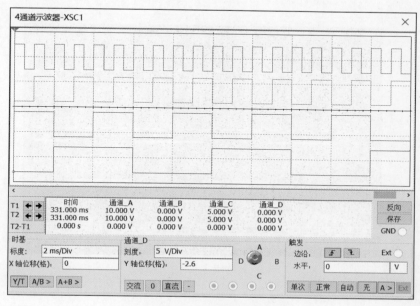

图 4-3-9 示波器输出波形

六、实验内容

1. 实验步骤

(1) 测试 D 触发器的逻辑功能。

(2) 测试 JK 触发器的逻辑功能。

(3) 用 D 触发器构成八分频电路。

2. 注意事项

(1) 清零时,一旦清除完毕,清除端应接高电平。

(2) 芯片电源电压不要超过额定电压。

(3) TTL 芯片高电平大于 2.4V,低电平小于 0.4V,因此从信号发生器产生脉冲信号上升沿时,一般将高电平和低电平分别调为 5V 和 0V。

(4) 触发输入端与 CP 都接时钟脉冲时,注意二者频率间的关系及对应的输出时序图。

3. 实验示例

D 触发器构成八分频电路如图 4-3-10 所示。

七、实验报告

将实验数据分别填入表 4-3-3～表 4-3-5 中。

实验报告

ort>rt>rt>rt>7

ort>7</an

fort>6</an

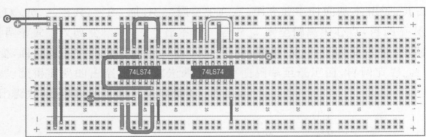

面包板布局图

演示视频

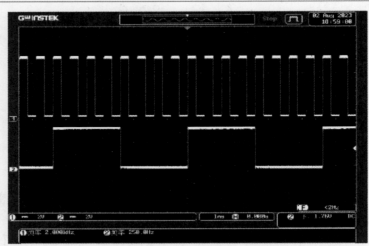

图 4-3-10　D 触发器构成八分频电路面包板整体布局图（见彩插）

表 4-3-3　D 触发器功能测试表

输　入				输　出		功　能
$\bar{S}_D$	$\bar{R}_D$	CP	D	Q	$\bar{Q}$	
0	1	×	×			
1	0	×	×			
0	0	×	×			
1	1	↑	1			
1	1	↑	0			

表 4-3-4　JK 触发器功能测试表

CP	J	K	$\bar{R}_D$	$\bar{S}_D$	Q^n	Q^{n+1}	功　能
×	×	×	0	1	×		
×	×	×	1	0	×		
↓	0	0	1	1	0		
↓	0	0	1	1	1		
↓	0	1	1	1	0		
↓	0	1	1	1	1		
↓	1	0	1	1	0		
↓	1	0	1	1	1		

续表

CP	J	K	$\bar{R}_D$	$\bar{S}_D$	Q^n	Q^{n+1}	功　能
↓	1	1	1	1	0		
↓	1	1	1	1	1		

表 4-3-5　八分频电路设计图

思考题

1. 与组合逻辑电路相比,时序逻辑电路有何特点?

2. 利用普通机械开关组成的数据开关产生的信号是否可以作为触发器的时钟脉冲信号?为什么?是否可以用作触发器的其他输入端的信号?为什么?

3. 总结各类触发器的逻辑功能,探索触发器的其他应用。

4.3.2　拓展实验

用 JK 触发器及门电路能够构成五分频电路,Multisim 仿真电路如图 4-3-11 所示,输出波形如图 4-3-12 所示。

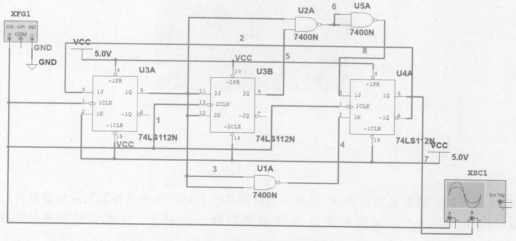

图 4-3-11　五分频电路的仿真电路

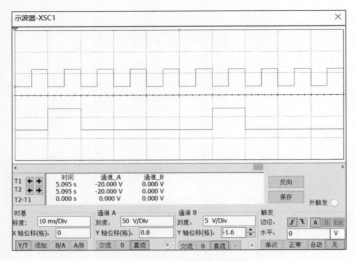

图 4-3-12　示波器输出波形

JK 触发器构成五分频电路示例如图 4-3-13 所示。

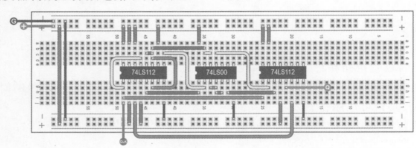

图 4-3-13　JK 触发器构成五分频电路面包板整体布局图（见彩插）

4.4　中规模时序逻辑电路

4.4.1　基础实验

一、实验目的

1. 熟悉常用 MSI 集成时序逻辑电路功能和使用方法。

2. 掌握多片 MSI 集成时序逻辑电路级联和功能扩展技术。

3. 学会时序逻辑电路的分析方法、设计方法、组装及测试方法。

4. 掌握使用 Multisim 软件进行集成时序逻辑电路仿真实验的方法。

二、实验仪器

1. 多功能混合域示波器 MDO-2000A。

2. 多通道函数信号发生器 MFG-2220HM。

3. 双显测量万用表 GDM-8352。

4. 直流稳压电源 GPD-3303。

三、实验器材

实验器件清单如表 4-4-1 所示。

表 4-4-1 实验器件清单

名　称	型　号	数　量	名　称	型　号	数　量
计数器芯片	74LS161	2 片	电阻	220Ω	4 个
与非门芯片	74LS20	2 片	七段数码管	共阴极	1 个
非门芯片	74LS04	1 片	发光二极管	—	4 个
面包板	—	1	导线		若干

四、实验原理

计数器是最常用的时序逻辑电路之一,不仅可以用于计脉冲数,还常用作数字系统的定时、分频、数字运算及其他特定的逻辑功能。计数器种类繁多,按计数制式可分为二进制计数器、十进制计数器、任意进制计数器;按构成计数器中的各触发器是否使用同一个时钟信号,可将计数器分为同步计数器和异步计数器;按照计数方向,可分为加法计数器、减法计数器和可逆计数器等。

1. 4 位二进制同步计数器 74LS161

74LS161 是 4 位二进制同步加法计数器,其逻辑符号及引脚分布如图 4-4-1 所示。其中 $\overline{R}_D$ 是清零端,低电平有效,$\overline{L}_D$ 是置数端,就是把 $D_0 \sim D_3$ 端的电平存储在 $Q_0 \sim Q_3$ 端,低电平有效,CP 是时钟脉冲输入端,上升沿有效,CO 是溢出进位端。CT_T、CT_P 是使能端。

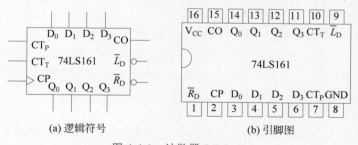

(a) 逻辑符号　　　　　　　(b) 引脚图

图 4-4-1 计数器 74LS161

74LS161 的功能表如表 4-4-2 所示。从功能表可以看出,74LS161 具有异步清零、同步置数及计数、保持四种功能。当 $\overline{R}_D = 0$ 时,不论其他输入端为何状态,均将 $Q_3 \sim Q_0$ 全部清零;当 $\overline{R}_D = 1$,$\overline{L}_D = 0$ 时,在 CP 计数脉冲上升沿作用时,可将置数输入端 D_3、D_2、D_1、D_0

加入的数据 d_3、d_2、d_1、d_0 分别送至输出端 $Q_3 \sim Q_0$ 实现置数功能；当 $\overline{R}_D = \overline{L}_D = CT_T = CT_P = 1$ 时，在 CP 计数脉冲上升沿作用下，实现计数功能，包含 16 个计数状态 0000～1111，故又称十六进制计数器；当 $\overline{R}_D = \overline{L}_D = 1$ 时，只要 CT_T 和 CT_P 有一个为 0，不论其余各输入端的状态如何，计数的状态保持不变。

表 4-4-2　74LS161 的功能表

输　入									输　出			
$\overline{R}_D$	$\overline{L}_D$	CT_T	CT_P	CP	D_0	D_1	D_2	D_3	Q_0	Q_1	Q_2	Q_3
0	×	×	×	×	×	×	×	×	0	0	0	0
1	0	×	×	↑	d_0	d_1	d_2	d_3	d_0	d_1	d_2	d_3
1	1	0	×	×	×	×	×	×	触发器保持，CO=0			
1	1	×	0	×	×	×	×	×	保持			
1	1	1	1	↑	×	×	×	×	计数			

若需要构成任意进制计数器，则必须对集成计数器进行修改，以达到设计目的。假定已有的集成计数器是 N 进制计数器，而需要得到的是 M 进制计数器，则有 $M > N$ 和 $M < N$ 两种可能的情况。

若 $M < N$，可采用清零法或置数法。清零法适用于有清零端的计数器。将计数器的输出状态反馈到计数器的清零端，使计数器由此状态返回到 0，再重新开始计数，从而实现 M 进制计数。清零信号的选择与芯片的清零方式有关，若芯片为异步清零方式，可使芯片瞬间清零，其有效循环状态数与反馈状态相等；若为同步清零方式，则必须等到下一个 CP 脉冲到来时清零，其有效循环状态数与反馈状态加 1 相等。

置数法即对计数器进行预置数，适用于有置数端的计数器。将计数器的输出状态反馈到计数器的置数端，使计数器由预置数开始重新计数，从而实现 M 进制计数。置数信号的选择与芯片的置数方式有关。若芯片为异步置数方式，可使芯片瞬间置数；若芯片为同步置数方式，芯片需要在 CP 脉冲到来时置数。

若 $M > N$，当计数值超过计数器计数范围后，需要用两片以上的计数器连接完成任意进制计数器，有乘数级联和进位级联两种。

乘数级联：若 M 可分解成两个小于 N 的因数相乘，即 $M = N_1 N_2$，将两个计数器串接起来，即计数脉冲接到 N_1 进制计数器的时钟输入端，N_1 进制计数器的输出接到 N_2 进制计数器的时钟输入端，则两个计数器一起构成了 $N_1 N_2 = M$ 进制计数器。74LS290 就是典型例子，二进制和五进制计数器构成十进制计数器。

进位级联：适用于有进位端的计数器。将低位片的进位端与高位片的使能端相连，低位片始终处于计数状态，它的进位输出信号作为高位片的计数控制信号，使之处于计数或保持状态。

2. 异步计数器 74LS290/90/92/93

异步计数器是指计数器内各触发器的时钟信号不是来自同一外接输入时钟信号，因而各触发器不是同时翻转，这种计数器的计数速度较慢。

1）74LS290/90/92/93 的功能

图 4-4-2 所示是异步十进制计数器 74LS290 的引脚图和逻辑符号图。图中 Q_3、Q_2、Q_1、Q_0 为计数器输出端；CP_A、CP_B 为两个计数脉冲输入端，$R_{0(1)}$、$R_{0(2)}$ 为复位（清零）端；$S_{9(1)}$、$S_{9(2)}$ 为置 9 端，均为高电平有效。

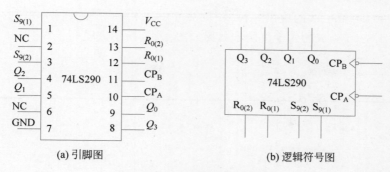

图 4-4-2　74LS290 引脚排列图

74LS290 是二—五—十进制计数器,它有两个时钟输入端 CP_A 和 CP_B。其中,CP_A 和 Q_0 组成一位二进制计数器;CP_B 和 $Q_3Q_2Q_1$ 组成五进制计数器;若将 Q_0 与 CP_B 相连接,时钟脉冲从 CP_A 输入,则构成 8421BCD 码十进制计数器。74LS290 有两个清零端 $R_{0(1)}$、$R_{0(2)}$ 和两个置 9 端 $R_{9(1)}$,$R_{9(2)}$,其计数器时序和功能如表 4-4-3 所示。

表 4-4-3　74LS290/90 计数器时序及功能表

输　　入					输　　出				说明
$R_{0(1)}$	$R_{0(2)}$	$S_{9(1)}$	$S_{9(2)}$	CP	Q_3	Q_2	Q_1	Q_0	
1	1	×	0	×	0	0	0	0	清零
		0	×						
0	×	1	1	×	1	0	0	1	置 9
×	0								
×	0	×	0	↓(CP$_A$)	1 位二进制计数				
0	×	0	×	↓(CP$_A$)					
0	×	×	0	↓(CP$_B$)	五进制计数				
×	0	0	×	↓(CP$_B$)					

74LS90 的逻辑功能与 74LS290 相同,其构成二—五—十进制计数器的方法也相同,但其引脚排列不同,比较特殊,特别是电源端和地端,使用时一定注意,具体如图 4-4-3 所示。

74LS92/93 分别是二—六—十二进制计数器和二—八—十六进制计数器,即 CP_A 和 Q_0 组成二进制计数器,CP_B 和 $Q_3Q_2Q_1$ 在 74LS92 中为六进制计数器,在 74LS93 中为八进制数器。当 CP_B 和 Q_0 相连时,时钟脉冲从 CP_A 输入,74LS92 构成十二进制计数器,74LS93 构成十六进制计数器。74LS92 的引脚如图 4-4-4 所示,引脚排列比较特殊,特别是电源端和地端,使用时一定注意。

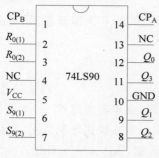

图 4-4-3　74LS90 引脚图

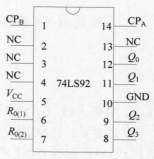

图 4-4-4　74LS92 引脚图

2) 74LS290/90/92/93 的应用

用 2 片 74LS290 构成的六十进制计数器如图 4-4-5 所示。

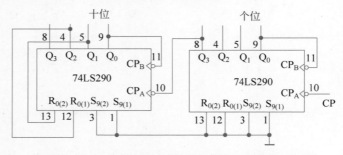

图 4-4-5 用 2 片 74LS290 构成的六十进制计数器

用 2 片 74LS90 构成的一百进制计数器如图 4-4-6 所示。

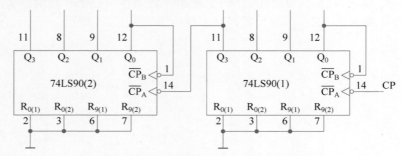

图 4-4-6 用 2 片 74LS90 构成的一百进制计数器

3. 加/减同步计数器（74LS190/191/192/193）

1）单时钟计数器 74LS190/74LS191

74LS190 和 74LS191 是单时钟 4 位同步加/减可逆计数器，其中 74LS190 为 8421BCD 码十进制计数器，74LS191 是十六进制计数器，两者的引脚排列图和引脚功能完全一样，如图 4-4-7 和表 4-4-4 所示。

表 4-4-4 74LS190/191 功能表

$\overline{CT}$	$\overline{L}_D$	$\overline{U}/D$	CP	操作
0	0	0	×	置数
0	1	0	↑	加计数
0	1	1	↑	减计数
0	×	×	×	保持

图 4-4-7 74LS190 引脚图

需要指出的是，正脉冲输出端 CO/BO 及负脉冲输出端 $\overline{RC}$，两者在加计数到最大计数值时或减计数到零时，都发出脉冲信号；不同之处是，CO/BO 端发出一个与输入时钟周期相等且同步的正脉冲，$\overline{RC}$ 端发出一个与输入时钟信号低电平时间相等且同步的负脉冲。

74LS190 一般用于构成 BCD 码十进制计数器，而 74LS191 通过编程可构成任意进制计数器。用 74LS191 的 CO/$\overline{\text{BO}}$ 输出端通过门电路反馈到 $\overline{L}_D$ 端,改变预置输入数据,就可以改变计数器的模 M(分频数)。

如图 4-4-8 所示为用一片 74LS191 和门电路构成 $M=10$ 的加法计数器。预置数 $N=(1111)_B-(1010)_B=(0101)_B$。当计数器计数到暂态 $(1111)_B$ 瞬间,CO/$\overline{\text{BO}}=1$,$\overline{L}_D=0$,计数器立即在此装入 $(0101)_B$,计数器就这样在 $(0101\sim1110)_B$ 之间循环计数。

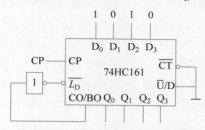

图 4-4-8 $M=10$ 的加法计数器

2) 双时钟计数器 74LS192/193

74LS192 和 74LS193 是双时钟 4 位加/减法同步计数器,其中 74LS192 是模 10 计数器,74LS193 是模 16 计数器。两者的引脚排列图和引脚的功能一样,引脚图、逻辑符号图及功能表如图 4-4-9 和表 4-4-5 所示。图中,Q_3、Q_2、Q_1、Q_0 为计数器输出端;CP_U、CP_D 分别为加法和减法计数脉冲输入端,下降沿触发计数;CR 为复位(清零)端,高电平有效;$\overline{L}_D$ 为置数端,低电平有效。$\overline{CO}$ 是加法计数进位输出端,$\overline{BO}$ 为减法计数借位输出端。

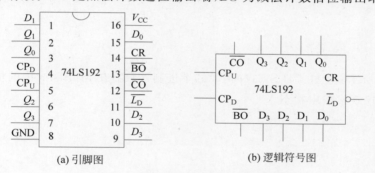

(a) 引脚图   (b) 逻辑符号图

图 4-4-9 74LS192 的引脚图、逻辑符号图

表 4-4-5 同步十进制可逆计数器 74LS192 的功能表

		输		入						输	出		功 能 说 明
CR	$\overline{L}_D$	CP_U	CP_D	D_3	D_2	D_1	D_0	Q_3	Q_2	Q_1	Q_0		
1	×	×	×	×	×	×	×	0	0	0	0		异步清零
0	0	×	×	D_3	D_2	D_1	D_0	D_3	D_2	D_1	D_0		并行置数
0	1	↑	1	×	×	×	×		加法计数				
0	1	1	↑	×	×	×	×		减法计数				
0	1	1	1	×	×	×	×	Q_3	Q_2	Q_1	Q_0		保持

注意,当计数脉冲 CP 加至 CP_U,CP_D 为 1 时,在 CP 上升沿作用下,计数器进行加法计数。当加法计数到状态为 $(1001)_B$ 时,在 CP 下降沿,进位输出端 $\overline{CO}$ 产生一个负的进位脉冲,第 10 个 CP 的上升沿作用后,计数器复位。当计数脉冲 CP 加至 CP_D,CP_U 为 1 时,在

CP 上升沿作用下,计数器进行减法计数。同样,计数器进行减法计数时,设初态为 $(1001)_B$,在第 9 个 CP(CP_D)上升沿作用下,计数器状态为 $(0000)_B$,借位输出端 $\overline{BO}$ 产生一个负借位脉冲,第 10 个 CP 的上升沿作用后,计数器复位。

五、预习要求

图 4-4-10 所示是由 74LS161 异步清零法构成的十进制加法计数器,当输出端 Q_3、Q_2、Q_1、Q_0 从 $(0000)_B$ 加 1 到 $(1010)_B$ 时,Q_3、Q_1 的高电平输出经与非门输入 $\overline{R}_D$ 端,使计数器复零,74LS161 重新从 $(0000)_B$ 状态开始新计数周期。要说明的是,电路进入 $(1010)_B$ 状态后,立即在 CP 的低电平期间被置成 $(0000)_B$ 状态,即 $(1010)_B$ 状态只在极短的瞬间出现。

用同步置数法构成的十进制计数器如图 4-4-11 所示,将置数端 $D_0 \sim D_3$ 接地为 $(0000)_B$,当输出端 Q_3、Q_2、Q_1、Q_0 从 $(0000)_B$ 加 1 到 $(1001)_B$ 时,Q_3、Q_0 的高电平输出经与非门输入到 $\overline{L}_D$ 端,当下一个时钟上升沿来临,输出 Q_3、Q_2、Q_1、Q_0 置数为 $(0000)_B$,最终实现同步置数。

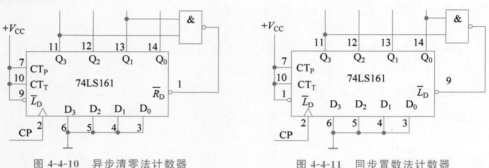

图 4-4-10　异步清零法计数器　　　　　图 4-4-11　同步置数法计数器

图 4-4-12 所示就是由 74LS161N 构成的十进制计数器在 Multisim 中的仿真电路,可以通过逻辑分析仪观察输出状态。

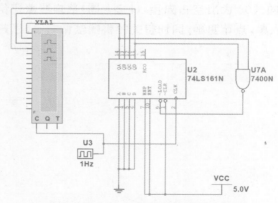

图 4-4-12　十进制计数器的仿真电路

逻辑分析仪用于对数字逻辑信号的高速采集和时序分析,可同步记录和显示 16 路数字信号。图标中有 16 路信号输入端、外部时钟输入端 C、时钟控制输入端 Q 及触发控制输入端 T。双击图标打开逻辑分析仪的控制面板,可进行参数设置和读取被测信号值,如图 4-4-13 所示。

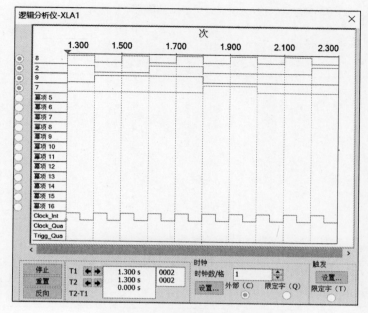

图 4-4-13 逻辑分析仪面板显示

六、实验内容

1. 实验步骤

（1）用 74LS161 及门电路设计实现十进制计数器，信号发生器设置连续时钟脉冲作为 CP 的输入，用示波器显示输出信号波形并用发光二极管显示 Q_3、Q_2、Q_1、Q_0 的输出结果。

（2）用 74LS161 及门电路设计实现十进制计数器，输出为一位 8421BCD 码，并用七段数码管显示。

2. 注意事项

（1）清零时，一旦清除完毕，清除端应接高电平。

（2）实验中的与非门可使用 74LS00、74LS10 和 74LS20 实现。

（3）实现其他进制计数器时，注意中断状态和反馈线的处理。

3. 实验示例

74LS161 构成十进制计数器电路如图 4-4-14 所示。

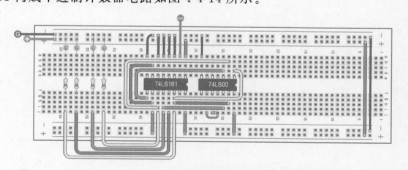

面包板布局图

演示视频

图 4-4-14 74LS161 构成十进制计数器电路面包板整体布局图（见彩插）

实验报告

七、实验报告

将实验数据填入表 4-4-6。

表 4-4-6　十进制电路设计图

思考题

1. 计数器的同步置零方式和异步置零方式有什么不同？同步预置数方式和异步预置数方式有什么不同？

2. 用 MSI 时序逻辑器件构成一个 N 进制计数器的方法有几种？它们各有何应用特点？

4.4.2　拓展实验

若要构成二十四进制计数器，则需要两片 74LS161，如图 4-4-15 所示。两片 74LS161 接相同的时钟 CP，这是同步电路。芯片(1)的进位 CO 连接芯片(2)的 CT_T 和 CT_P。当芯片(1)计满 15 个 CP 后，CT_T 和 CT_P 有效，再来一个 CP 芯片(2)才计数一次。即芯片(2)每 16 个 CP 计数一次，故其输出分别对应的 CP(时钟)数为 16、32、64、128。由于芯片(1)的输出对应 1、2、4、8，所以反馈状态为 $23=16+4+2+1$。

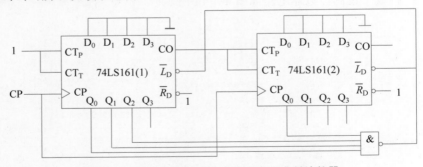

图 4-4-15　用 74LS161 组成的二十四进制计数器

用多片二进制计数芯片构成几十、几百进制计数器,可按相同的思路设计。它不同于十进制计数芯片的个、十、百……对应位,而是按二进制数的方式 1,2,4,8,16,32,…,依次对应输出,在确定反馈状态时要多加注意。若输出采用人们更习惯的 8421BCD 码,电路则修改为图 4-4-16 所示。

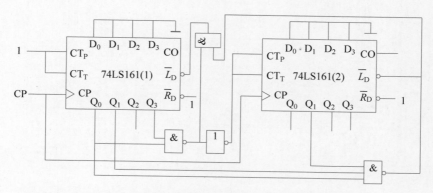

图 4-4-16 输出为 8421BCD 码的二十四进制计数器

在 Multisim 中的仿真电路如图 4-4-17 所示,由译码器输出低电平驱动共阳极七段数码管显示。

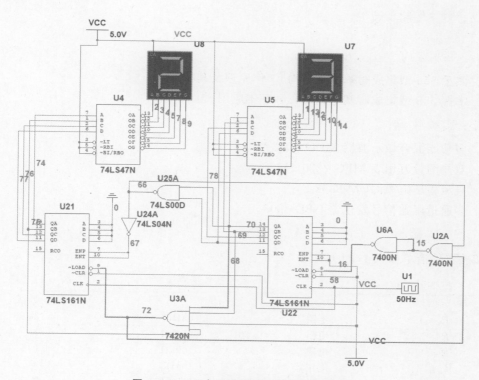

图 4-4-17 二十四进制计数器的仿真电路

电路示例如图 4-4-18 所示。

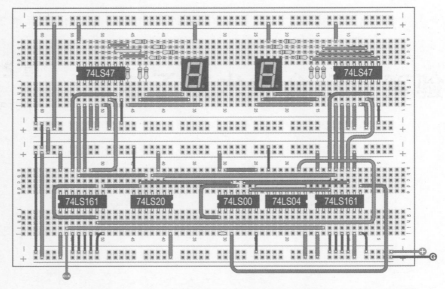

图 4-4-18　74LS161 构成二十四进制计数器电路面包板整体布局图（见彩插）

4.5　555 定时器的应用

4.5.1　基础实验

一、实验目的

1. 熟悉 555 型集成时基电路结构、工作原理及其特点。

2. 掌握 555 型集成时基电路的几种基本应用。

二、实验仪器

1. 多功能混合域示波器 MDO-2022AG。

2. 双显测量万用表 MFG-2220HM。

3. 直流稳压电源 GDM-8352。

4. 多通道函数信号发生器 GPD-3303。

三、实验器材

实验器件清单如表 4-5-1 所示。

表 4-5-1　实验器件清单

编　　号	名　　称	型　　号	数　　量
R	电阻	5kΩ	2
R	电阻	9.1kΩ	1
R	电阻	100kΩ	1
R_w	电位器	10kΩ	2
D	二极管	1N4148	2
C	电容	47μF	1
C	电容	0.01μF	1
C	电容	10μF	2

四、实验原理

集成时基电路又称为集成定时器或 555 定时器,是一种数、模混合的中规模集成电路(MSI),应用十分广泛。它是一种产生时间延迟和多种脉冲信号的电路,由于内部电压标准使用了三个标志性的 5kΩ 电阻,故一般以 555 定时器称。其电路类型有双极型和 CMOS型两大类,二者的结构与工作原理类似。几乎所有的双极型产品型号最后的三位数码都是555 或 556;所有的 CMOS 产品型号最后四位数码都是 7555 或 7556,二者的逻辑功能和引脚排列完全相同,易于互换。555 和 7555 是单定时器。556 和 7556 是双定时器。双极型的电源电压 $V_{CC} = +5 \sim +15V$,输出的最大电流可达 200mA,CMOS 型的电源电压为 $+3 \sim +18V$。

1. 555 定时器的工作原理

555 定时器的内部电路方框图如图 4-5-1 所示。它含有两个电压比较器,一个基本 RS触发器,一个放电开关管 T,比较器的参考电压由三只 5kΩ 的电阻器串联构成的分压器提供。它们分别使高电平比较器 A_1 的同相输入端和低电平比较器 A_2 的反相输入端的参考电平为 $\frac{2}{3}V_{CC}$ 和 $\frac{1}{3}V_{CC}$。A_1 与 A_2 的输出端控制 RS 触发器状态和放电管开关状态。当输入信号自 6 脚,即高电平触发输入并超过参考电平时,触发器复位,555 的输出端 3 脚输出低电平,同时放电开关管导通;当输入信号自 2 脚输入并低于其参考电平时,触发器置位,555 的 3 脚输出高电平,同时放电开关管截止。$\overline{R}_D$ 是复位端(4 脚),当 $\overline{R}_D = 0$ 时,555 输出低电平。平时 $\overline{R}_D$ 端开路或接 V_{CC}。

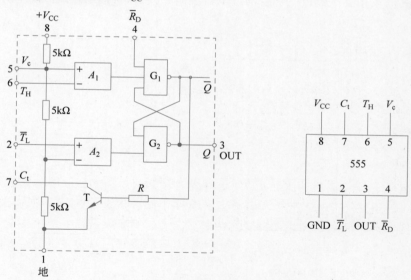

图 4-5-1 555 定时器内部框图及引脚排列

V_c 是控制电压端(5 脚),不外接输入电压时,通常需接一个 $0.01\mu F$ 的电容到地,起滤波作用以消除干扰,以确保参考电平的稳定;当其外接输入电压时,即改变了比较器的参考电平,从而实现对输出的另一种控制。

T 为放电管,当 T 导通时,将给接于 7 脚的电容器提供低阻放电通路;当 T 截止时,放电通路断开,在一些组态中将导致与 7 脚相接的电容器电平升高从而充电。

555 定时器主要是与外接电阻、电容构成充放电电路,并由两个比较器来检测电容器上的电压,以确定输出电平的高低和放电开关管的通断,从而构成从微秒到数十分钟的延时电路,可方便地构成单稳态触发器、多谐振荡器、施密特触发器等脉冲产生或波形变换电路。

2. 555 定时器的典型应用

1) 构成单稳态触发器

图 4-5-2(a)为由 555 定时器和外接定时元件 R、C 构成的单稳态触发器。触发电路由 C_1、R_1、D 构成,其中 D 为钳位二极管。稳态时 555 电路输入端处于高电平(V_{CC}),内部放电开关管 T 导通,输出端 F 输出低电平,当有一个外部负脉冲触发信号经 C_1 加到 2 端。并使 2 端电位瞬时低于 $\frac{1}{3}V_{CC}$,低电平比较器触发,单稳态电路即开始一个暂态过程,电容 C 开始充电,V_c 按指数规律增长。当 V_c 充电到 $\frac{2}{3}V_{CC}$ 时,高电平比较器触发,比较器 A_1 翻转,输出 $V_。$ 从高电平返回低电平,放电开关管 T 重新导通,电容 C 经放电开关管放电,暂态结束,恢复稳态,为下个触发脉冲的来到做好准备。波形图如图 4-5-2(b)所示。

暂稳态的持续时间 t_w(即为延时时间)取决于外接元件 R、C 值的大小。

$$t_w = 1.1RC$$

通过控制 R、C 的大小,可将延时时间设置为几微秒到几十分钟。当这种单稳态电路作为计时器时,可直接驱动小型继电器,并可以使用复位端(4 脚)接地的方法来中止暂态,重新计时。此外尚须用一个续流二极管与继电器线圈并接,以防继电器线圈反电势损。

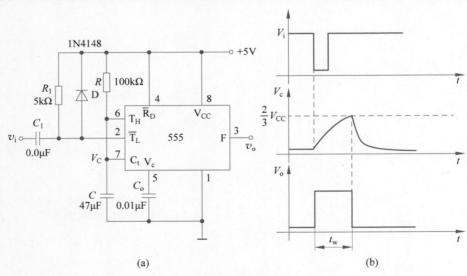

(a)　　　　　　　　　　(b)

图 4-5-2　单稳态触发器

2) 构成多谐振荡器

如图 4-5-3(a),由 555 定时器和外接元件 R_1、R_2、C 构成多谐振荡器,2 脚与 6 脚直接相连。电路没有稳态,仅存在两个暂稳态。此时电路不需要外加触发信号,利用电源通过 R_1、R_2 向 C 充电,以及 C 通过 R_2 向放电端 C_t 放电,使电路产生振荡。

电容 C 在 $\frac{1}{3}V_{CC}$ 和 $\frac{2}{3}V_{CC}$ 之间充电和放电,其波形如图 4-5-3(b)所示。

输出信号的时间参数是:$T = t_{w1} + t_{w2}$,$t_{w1} = 0.7(R_1 + R_2)C$,$t_{w1} = 0.7R_2C$,555 电路要求 R_1 与 R_2 均应大于或等于 $1k\Omega$,但 $R_1 + R_2$ 应小于或等于 $3.3M\Omega$。

这种形式的多谐振荡器应用非常广泛,因为外部元件的稳定性决定了多谐振荡器的稳定性,而 555 定时器配以少量的元件即可获得较高精度的振荡频率和具有较强的功率输出能力。

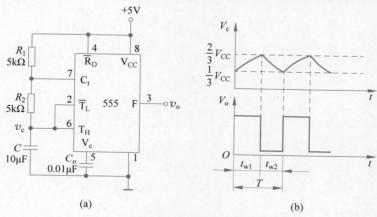

图 4-5-3　多谐振荡器

3) 组成占空比可调的多谐振荡器

电路如图 4-5-4 所示,它比图 4-5-3 所示电路增加了一个电位器和两个导引二极管。D_1、D_2 用来决定电容充、放电电流流经电阻的途径(充电时 D_1 导通,D_2 截止;放电时 D_2 导通,D_1 截止)。

$$占空比\ P = \frac{t_{w1}}{t_{w1} + t_{w2}} \approx \frac{0.7R_A C}{0.7C(R_A + R_B)} = \frac{R_A}{R_A + R_B}$$

此时若取 $R_A = R_B$,电路即可输出占空比为 50% 的方波信号。而改变电位器 R_w 即可一定范围内改变信号的占空比。

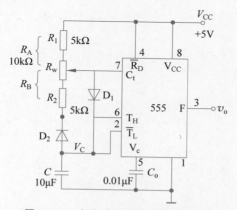

图 4-5-4　占空比可调的多谐振荡器

4) 组成占空比连续可调并能调节振荡频率的多谐振荡器

电路如图 4-5-5 所示。对 C_1 充电时,充电电流通过 R_1、D_1、R_{w1} 和 R_{w2};放电时通过

R_{w1}、R_{w2}、D_2、R_2。当 $R_1 = R_2$ 时，R_{w2} 调至中心点，因充放电时间基本相等，其占空比约为 50%，此时调节 R_{w1} 仅改变频率，占空比不变。若 R_{w2} 调至偏离中心点，再调节 R_{w1}，不仅振荡频率改变，而且对占空比也有影响。若 R_{w1} 不变，调节 R_{w2}，仅改变占空比，对频率无影响。因此，为获得需要的占空比，应首先调节 R_{w1} 使频率至规定值，再调节 R_{w2}。若频率调节的范围比较大，还可以用波段开关改变 C_1 的值。

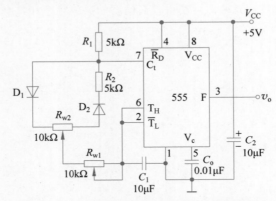

图 4-5-5　占空比与频率均可调的多谐振荡器

5）组成施密特触发器

电路如图 4-5-6 所示，只要将 2、6 脚连在一起作为信号输入端，即得到施密特触发器。图 4-5-7 展示出了 v_s、v_i 和 v_o 的波形图。

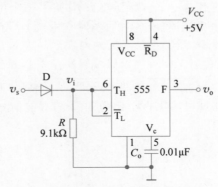

图 4-5-6　施密特触发器

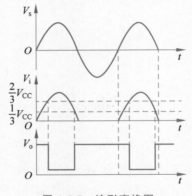

图 4-5-7　波形变换图

输入信号正弦波 v_s 的正半波通过二极管 D 同时加到 555 定时器的 2 脚和 6 脚,得 v_i 为半波整流波形。当 v_i 上升到 $\frac{2}{3}V_{CC}$ 时,v_o 从高电平翻转为低电平;当 v_i 下降到 $\frac{1}{3}V_{CC}$ 时,v_o 又从低电平翻转为高电平。电路的电压传输特性曲线如图 4-5-8 所示。

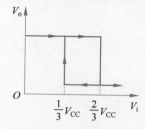

图 4-5-8　电压传输特性

回差电压 $\Delta V = \frac{2}{3}V_{CC} - \frac{1}{3}V_{CC} = \frac{1}{3}V_{CC}$。

五、预习要求

1. 理论部分

(1) 复习有关 555 定时器的工作原理及其应用。

(2) 拟定实验中所需的数据、表格等。

(3) 拟定各次实验的步骤和方法。

2. 仿真验证

1) 单稳态电路

电路仿真使用仿真软件 Multisim,电路图如图 4-5-9 所示。

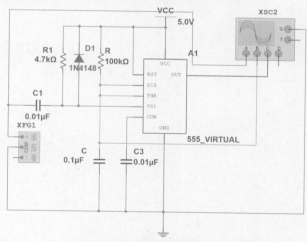

图 4-5-9　单稳态触发器仿真电路

可以通过设定函数发生器 XFG1 的参数模拟单次脉冲,通过设置连接 4 通道示波器不同区块线路颜色区分 v_c、v_i 和 v_o。通过调整 R 与 C 的值验证图 4-5-2(b)的图形,如图 4-5-10 和图 4-5-11 所示。

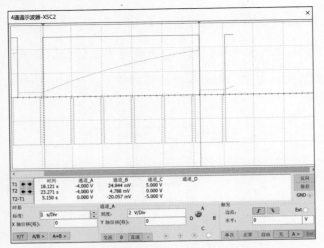

图 4-5-10 $R=100\text{k}\Omega$、$C=47\mu\text{F}$ 且输入端为 1kHz 的连续脉冲时v_c、v_i 和v_o 的仿真结果

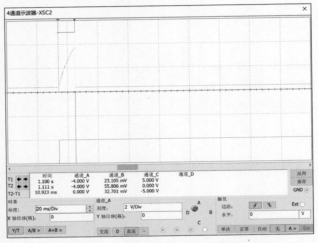

图 4-5-11 $R=100\text{k}\Omega$、$C=0.1\mu\text{F}$ 且输入端为 1kHz 的连续脉冲时v_c、v_i 和v_o 的仿真结果

2）多谐振荡器

如图 4-5-12 所示连接多谐振荡器电路。

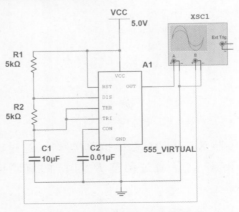

图 4-5-12 多谐振荡器电路仿真

双踪示波器观察 v_o、v_c 波形,如图 4-5-13 所示,可由此计算频率。

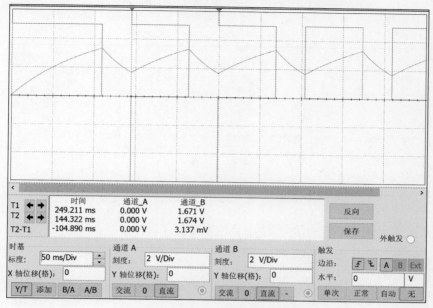

图 4-5-13 v_o、v_c 波形仿真结果

3) 占空比可调的多谐振荡器

如图 4-5-14 所示连接电路,调整电位器得到占空比为 50% 的方波信号。

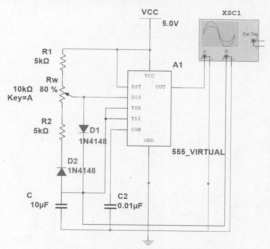

图 4-5-14 占空比可调的多谐振荡器仿真

可得仿真结果如图 4-5-15 所示。

4) 占空比与频率均可调的多谐振荡器

如图 4-5-16 所示连接电路,可得占空比与频率均可调的多谐振荡器。

R_{w1} 与 R_{w2} 均为默认 50% 情况下,仿真结果如图 4-5-17 所示,可以通过调节 R_{w1} 改变占空比,通过调节 R_{w2} 改变频率。

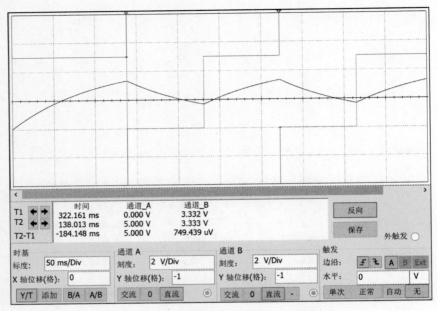

图 4-5-15　占空比为 50% 的 v_o、v_c 波形

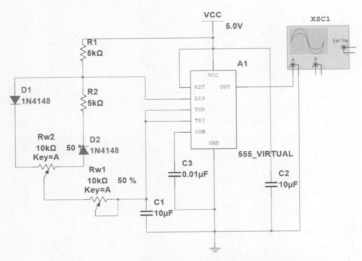

图 4-5-16　占空比与频率均可调的多谐振荡器仿真

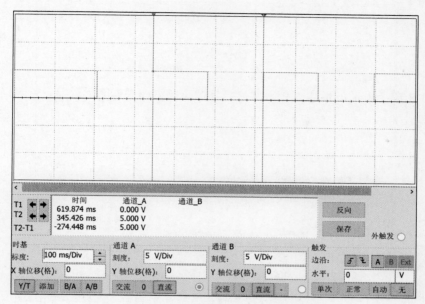

图 4-5-17 R_{w1}、R_{w2} 默认情况下的仿真结果

5）施密特触发器

如图 4-5-18 所示连接电路，可得施密特触发器。

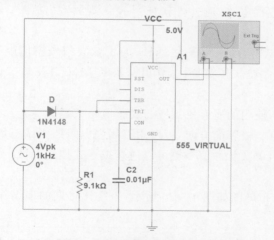

图 4-5-18 施密特触发器仿真

观测输出波形，逐渐增大 v_s 的值，可得仿真图形如图 4-5-19 所示。

六、实验内容

1. 实验步骤

1）单稳态触发器

（1）按照图 4-5-2 所示连接电路，取 $R=100\mathrm{k}\Omega$、$C=47\mu\mathrm{F}$，输入信号 v_s 由频率为 $1\mathrm{kHz}$ 的连续脉冲提供，用双踪示波器观测 v_i、v_c、v_o 波形。测定幅度与暂稳时间。

（2）取 $R=100\mathrm{k}\Omega$、$C=0.1\mu\mathrm{F}$，输入端加入频率为 $1\mathrm{kHz}$ 的连续脉冲，观测波形 v_i、v_c、v_o。测定幅度及暂稳时间。

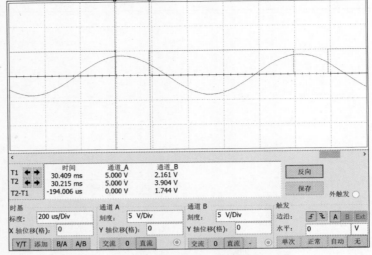

图 4-5-19 v_s 和 v_o 仿真结果

2）多谐振荡器

（1）按照图 4-5-3 连接电路，用双踪示波器观测 v_c 与 v_o 的波形，测定频率。

（2）按照图 4-5-4 连接电路，组成占空比为 50％ 的方波信号发生器。观测 v_c、v_o 的波形，测定波形参数。

（3）按照图 4-5-5 连接电路，通过调节 R_{w1}、R_{w2} 观测输出波形。

3）施密特触发器

按照图 4-5-6 连接电路，接入频率为 1kHz 的正弦波信号模拟声音信号，逐渐增大信号幅度，观测输出波形，测绘电压传输特性，算出回差电压 ΔU。

2. 注意事项

（1）在测试过程中，使用的所有仪器应与实验电路共地。

（2）在测量中，注意二极管的方向，可以用万用表电阻挡测试正负极。

（3）在本次实验中，单次脉冲信号也可以通过按压式按钮模拟。

3. 实验实例

多谐振荡器面包板布局图如图 4-5-20 所示，占空比可调的多谐振荡器面包板布局图如图 4-5-21 所示。

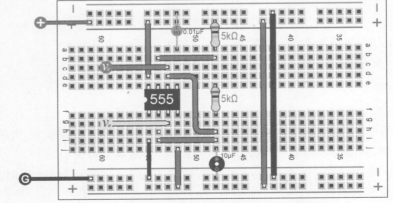

图 4-5-20 多谐振荡器面包板整体布局图（见彩插）

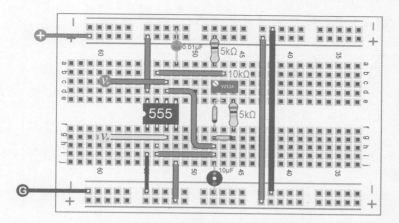

面包板布局图

图 4-5-21　占空比可调的多谐振荡器面包板整体布局图(见彩插)

多谐振荡器仿真结果如图 4-5-22 所示,占空比可调的多谐振荡器仿真结果如图 4-5-23 所示。

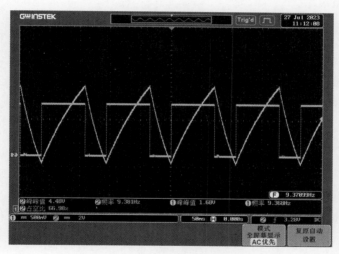

图 4-5-22　多谐振荡器仿真结果

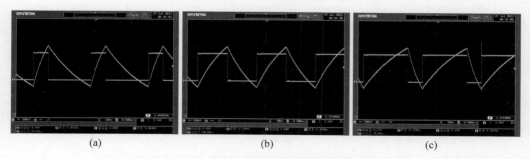

(a)　　　　　　　　　(b)　　　　　　　　　(c)

图 4-5-23　占空比可调的多谐振荡器仿真结果

七、实验报告

1. 单稳态触发器

单稳态触发器(图 4-5-2),绘制观测到的 v_c、v_i 和 v_o 图形(可参考实验原理部分图形模

实验报告

式),标注清楚测得的关键时间、幅度节点,填入表 4-5-2 中。

表 4-5-2　单稳态触发器波形图 8 1 3 6 A 3 3 9

$R=100\text{k}\Omega$、$C=47\mu\text{F}$:

$R=100\text{k}\Omega$、$C=0.1\mu\text{F}$ 且输入端为 1kHz 的连续脉冲:

---

2. 多谐振荡器

多谐振荡器电路(图 4-5-3)测定的频率为_____。

绘制观测到的 v_c 和 v_o 的波形,标注清楚测得的关键时间、幅度节点,填入表 4-5-3 中。

表 4-5-3　多谐振荡器波形图

　　占空比可调的多谐振荡器电路(图 4-5-4),组成占空比为 50% 的方波信号发生器,绘制观测到的 v_c 和 v_o 的波形,标注清楚测得的关键时间、幅度节点,填入表 4-5-4 中。

表 4-5-4　占空比可调的多谐振荡器

　　占空比与频率均可调的多谐振荡器(图 4-5-5),取至少 3 组 R_w1 与 R_w2 的值,对应绘制观测到的 v_c 和 v_o 的波形,标注清楚测得的关键时间、幅度节点,填入表 4-5-5 中。

表 4-5-5 占空比与频率均可调的多谐振荡器

R_{w1} : _____ ; R_{w2} : _____ :

R_{w1} : _____ ; R_{w2} : _____ :

R_{w1} : _____ ; R_{w2} : _____ :

　　施密特触发器(图 4-5-6),根据测得的数据,仿照图 4-5-7、图 4-5-8 的形式,绘制实际测得的波形变换图与电压传输特性,填入表 4-5-6 中。

表 4-5-6 施密特触发器

波形变换图：

电压传输特性：

思考题

1. 在单稳态触发器实验中，仿真得到的幅度与暂稳时间与实际测得的有何区别，试简单分析可能造成这种差异的原因。

2. 占空比与频率均可调的多谐振荡器在实际应用中有哪些应用，试举两例，并说明占空比与频率在其中的具体意义。

4.5.2 拓展实验

一、基本原理

图 4-5-24 是一款经典流水灯电路图，通过 555 定时器产生方波信号，作为后续芯片的时钟信号，经过 CD4017 十进制计数器(decade counter)后依次点亮 1～10 号 LED 灯。

通过预设的 R、C 组合，可以按照设计者的需求设定输入 CD4017 的方波的频率，从而控制 LED 的闪烁频率。

(1) 自行查阅 CD4017 的数据手册，理解 CD4017 的基本原理及接口功能。

(2) 按照前面学习的公式，自行重新设计与 NE555 相连的电阻与电容，使 LED 的闪烁频率约为 1Hz。

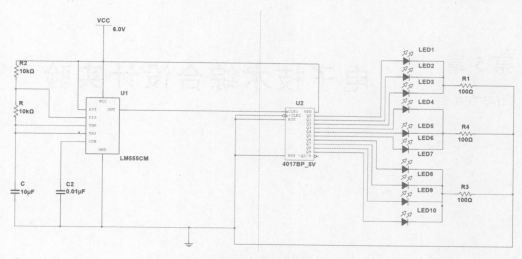

图 4-5-24　流水灯电路图

二、电路示例

流水灯面包板布局图如图 4-5-25 所示。

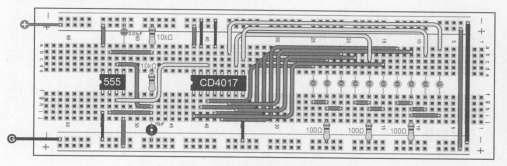

面包板布局图

扩展 DIY 视频

图 4-5-25　流水灯面包板整体布局图（见彩插）

第 5 章

电子技术综合设计实验

5.1 模拟雷达信号发射接收系统

5.1.1 任务要求

一、设计任务

设计一个模拟雷达信号发射接收系统。

二、基本指标

1. 设计制作一个方波调制信号产生电路,频率 $f=1\mathrm{kHz}$(可自定义),频率误差小于 10%。

2. 设计制作一个正弦波载波信号产生电路,频率 $f=1\mathrm{MHz}$(可自定义),稳定度优于 10^4。

3. 设计制作一个信号调制电路,输出为 ASK(振幅键控)调制信号。

4. 设计制作一个解调电路,输出信号为频率 $f=1\mathrm{kHz}$ 的原调制信号,频率误差小于 10%。

三、进阶要求

1. 设计制作一个功率放大电路,将调制信号功率放大至 10W。

2. 设计制作一个发射接收系统,其中正弦波载波信号频率 $f=10\mathrm{MHz}$,解调出的原调制信号频率误差小于 10%。

5.1.2 方案原理

一、系统框图

系统结构框图如图 5-1-1 所示。

系统主要由方波产生电路、正弦波产生电路、乘法调制电路、解调电路等组成,综合运用多谐振荡器、正弦振荡器、乘法器、检波器、滤波器、电压比较器等知识,完成模拟信号调制解调电路的设计,将自制的振幅调制信号中的基波信号解调出来。

图 5-1-1　系统结构框图

二、实验仪器

1. 多功能混合域示波器 MDO-2000A。
2. 多通道函数信号发生器 MFG-2220HM。
3. 双显测量万用表 GDM-8352。
4. 直流稳压电源 GPD-3303。

三、实验器材

推荐使用实验器件清单如表 5-1-1 所示。

表 5-1-1　实验器件清单

名　　称	型　　号	数　　量
555 定时器	不带自锁	1
D 触发器	74LS74	1
集成运算放大器	OP07、NE5532	不限
模拟乘法器	AD835	1
有源晶振	1MHz	1
电压比较器	LM339	1
二极管	1N4148	3
电阻	自选	不限
电容	自选	不限

四、实验原理

1. 调制信号产生电路

产生一定频率和一定幅值的方波调制信号是利用 555 定时器构成的多谐振荡器电路实现的,电路结构如图 5-1-2 所示。外部元件的稳定性决定了多谐振荡器的稳定性,用 555 构成的多谐振荡器电路的振荡频率受电源电压和温度变化的影响很小,其振荡频率 f 和电路输出波形的占空比 q 的关系式分别如下:

$$f = \frac{1.43}{(R_1 + 2R_2)C_1} \tag{5-1-1}$$

$$q(\%) = \frac{R_1}{R_1 + R_2} \times 100\% \tag{5-1-2}$$

可以在振荡器后加一级 D 触发器实现二分频,同时将矩形波转换为方波信号。实现框图如图 5-1-3 所示。

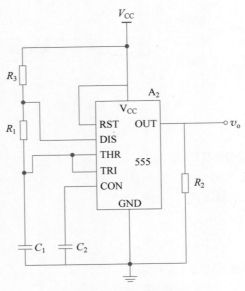

图 5-1-2 方波产生电路

乘法器选用芯片 AD835 实现,该芯片要求输入电压的幅值为 $-1\sim1V$,因此经由方波信号发生器和有源晶振产生的信号都须加衰减器,才能输至乘法器芯片。衰减器由电阻分压网络和电压跟随器构成,电路如图 5-1-4 所示。

图 5-1-3 方波信号发生器   图 5-1-4 衰减器电路

图中,跟随器的输出电压值由电阻 R_1 和 R_2 组成的分压电路获取:

$$v_{\text{o}} = v_2 = v_1 \frac{R_2}{R_1 + R_2} \qquad (5\text{-}1\text{-}3)$$

2. 载波信号产生电路

正弦载波信号由有源晶体振荡器产生。选择合适的晶振芯片就能满足设计对频率稳定度的要求。有源晶体振荡器是一个完整的谐振振荡器,一般是四引脚封装,分别为 V_{CC}(电压)、GND(地)、OUT(时钟信号输出)、NC(空脚)。每种型号的引脚定义都有所不同,接发也不同。典型参考应用电路如图 5-1-5 所示。

其中电阻 R_1 可根据实验情况进行阻值调整。有源晶振的输出是方波,当阻抗严重不匹配时将引起谐波干扰。加上串联电阻后,电阻与输入电容构成 RC 电路,将方波变成正弦波。C_1 为预留设计,可根据实际情况进行增加或者调整。

在本设计的 Multisim 仿真中,以信号源替代有源晶振振荡电路产生的正弦波载波信号。

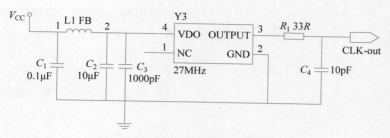

图 5-1-5 有源 EMC 电路

3. ASK 调制电路

振幅键控(amplitude shift keying, ASK)是利用载波的幅度变化来传递数字信号,而其频率和初始相位保持不变。在二进制数字振幅调制(2ASK)中,载波的幅度随着调制信号的变化而变化,信号的产生方法通常有两种:模拟相乘法和数字键控法。

模拟相乘法:通过相乘器直接将载波和数字信号相乘得到输出信号,这种直接利用二进制数字信号的振幅来调制正弦载波的方式称为相乘法,其示意图 5-1-6 所示。在该电路中载波信号和二进制数字信号同时输入到相乘器中完成调制。利用 AD835 芯片实现乘法器的参考电路如图 5-1-7 所示。

图 5-1-6 相乘法示意图

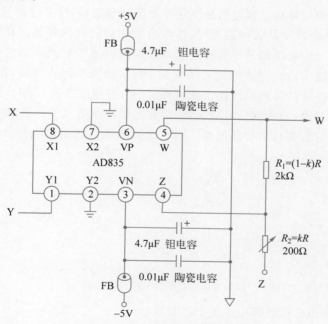

图 5-1-7 AD835 构成的乘法器电路

数字键控法:这种方法是使载波在二进制信号"1"和"0"的控制下分别接通和断开,这种二进制振幅键控方式称为开关键控方式,它是 2ASK 的一种常用的方式。

以二进制数字信号去控制一个初始相位为 0 的正弦载波幅度,可得其时域表达式如下:

$$e(t) = s(t)U_{\mathrm{m}}\cos\omega_{\mathrm{c}}t \tag{5-1-4}$$

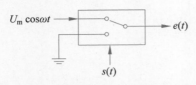

式中,U_m 为载波振幅,$s(t)$ 为二进制数字调制信号,ω_c 为载波角频率,$e(t)$ 为 2ASK 已调波。

二进制数字振幅键控电路原理模型示意图如图 5-1-8 所示。

图 5-1-8　振幅键控电路原理模型示意图

2ASK 调制电路仿真输出波形图如图 5-1-9 所示。

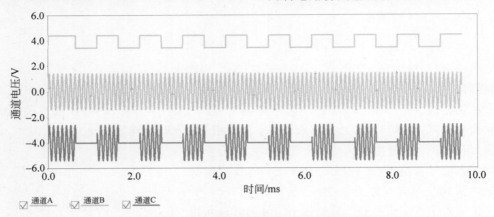

图 5-1-9　2ASK 调制电路仿真输入、输出波形图

4. 解调电路

调幅信号的解调就是从已调波信号中还原出原调制信号,这个过程是调制的逆过程,称为振幅检波,简称为检波。从频谱关系看,调幅是把调制信号的频谱搬移到高频载波附近,检波则是把已调波中的边带信号不失真地从高频载波附近搬移到原来的位置,因此检波电路也是频谱搬移电路。检波方法可分为两大类:包络检波和同步检波,包络检波是指检波器的输出电压直接反映高频调幅波包络变化规律的一种检波方法。由于普通调幅波的包络反映了调制信号的规律,与调制信号成正比,因此包络检波适用于普通调幅波的解调。目前应用最广的是二极管峰值包络检波电路。本设计解调部分选用包络检波法,其原理电路如图 5-1-10 所示。

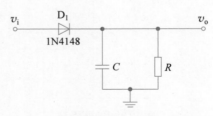

图 5-1-10　二极管包络检波电路

在图 5-1-10 中,RC 的选择应满足下述要求:

$$RC \gg \frac{1}{2\pi f_c} \tag{5-1-5}$$

其中,f_c 为载波频率。

系统整体仿真电路如图 5-1-11 所示。在图中标示了三个节点:A、B、C,分别为 555 定时器输出脉冲波形、分频后波形和最后的比较器输出波形。系统调制仿真波形及解调后仿真波形如图 5-1-12 所示。

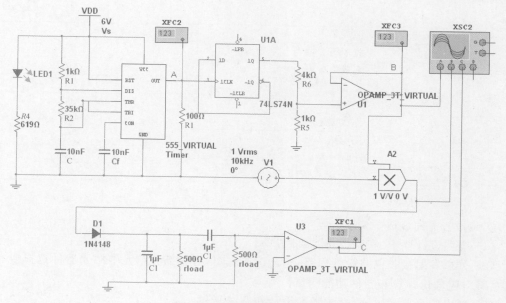

图 5-1-11 系统整体仿真电路

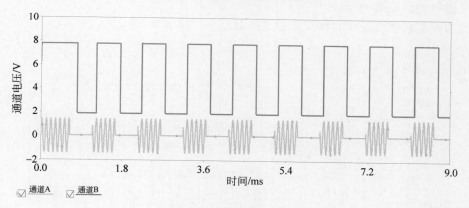

图 5-1-12 系统仿真波形

5.1.3 考核评分

一、评分标准

评分标准如表 5-1-2 所示。

表 5-1-2 评分标准

	项 目	分 数
实验 报告	系统方案论证	5
	理论分析与计算	5
	测试方案与测试结果	5
	设计报告结构及规范性	5
	小计	20

续表

基本要求	完成第 1 项	15
	完成第 2 项	15
	完成第 3 项	10
	完成第 4 项	20
	小计	60
进阶要求	完成第 1 项	10
	完成第 2 项	10
	小计	20
总分		100

二、实验报告

实验报告需完成以下要求。

(1) 写明设计要求、实验设备、器件清单。

(2) 分析发射接收电路设计思路,画出组成框图,对各部分单元中的元器件选择要有依据,具有对应理论计算和器件功能测试。

(3) 画出仿真单元电路,有清晰的设计和调试步骤。

(4) 提供测试结果、波形图片。

(5) 写出本次综合设计的收获及心得体会。

三、测试结果

面包板参考电路如图 5-1-13 所示。

面包板布局图

演示视频

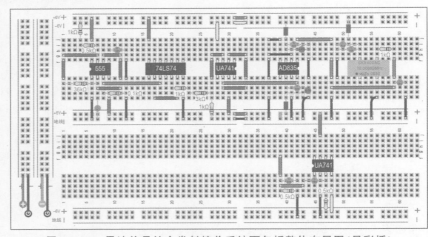

图 5-1-13　雷达信号综合发射接收系统面包板整体布局图(见彩插)

5.2　信号波形产生及变换电路

5.2.1　任务要求

一、设计任务

设计制作一模拟信号波形合成及变换电路,使之能够产生固定频率的正弦信号,并将该信号放大后分别整形变换为方波信号和三角波信号,最后通过滤波电路再还原出正弦信号。

二、基本指标

1. 设计制作一个正弦波振荡电路,产生的正弦波频率范围为 1~10kHz。

2. 设计制作一个放大器,能将振荡电路产生的正弦信号不失真地放大 4 倍。

3. 设计制作一个波形变换电路,将放大的正弦信号变换为方波信号,要求频率与正弦信号一致,波形不失真且幅值大于 1V。

4. 设计制作一个方波-三角波变换电路,要求输入、输出信号频率一致,输出波形不失真且幅值大于 1V。

5. 设计制作两路滤波器,分别将方波信号和三角波信号的基波信号提取出,要求输出波形不失真,输出信号频率应与输入信号频率一致,且幅值大于 1V。

三、进阶要求

1. 制作一个加法运算电路,将正弦波振荡电路产生的正弦波信号作为基波,再利用信号源相应产生一个 3 倍频于基波信号的正弦信号作为 3 次谐波,合成一个近似方波,波形幅度为 6V。

2. 对作为基波分量的正弦波信号能够实现可控增益放大,实现 0~20dB 的放大功能,5dB 步进。

5.2.2 方案原理

一、系统框图

系统结构框图如图 5-2-1 所示。

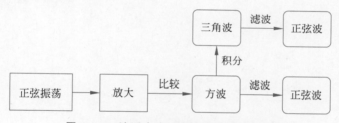

图 5-2-1 波形产生及变换电路系统框图

系统主要由正弦波产生电路、放大电路、电压比较电路、积分电路、加法电路及可控增益放大电路组成。主要基于正弦波振荡电路产生正弦信号,通过比例放大电路进行幅值放大,通过电压比较器和积分电路实现信号的整形变换。利用傅里叶级数展开原理,可以通过滤波电路设置合适的中心频率,滤出方波信号、三角波信号的基波成分。同时也可利用傅里叶级数展开原理,将不同频率和相位关系的正弦信号作为基波和三次、五次谐波分量,合成得到近似方波。可控增益部分采用可控增益放大器或自制衰减电路实现。

二、实验仪器

1. 多功能混合域示波器 MDO-2000A。

2. 多通道函数信号发生器 MFG-2220HM。

3. 双显测量万用表 GDM-8352。

4. 直流稳压电源 GPD-3303。

三、实验器材

实验器件清单如表 5-2-1 所示。

表 5-2-1 实验器件清单

名 称	型 号	数 量
面包板		1
运算放大器	NE5532、UA741 等	不限
高速开关二极管	1N4148	不限
可控增益放大器	AD603	1
电阻	自选	不限
电解电容	自选	不限
可调电阻	自选	不限
导线		不限

四、实验原理

1. 正弦振荡电路

波形产生电路通常也称为振荡器。按产生的交流信号波形的不同,可将振荡器分为两大类,即正弦波振荡器和非正弦波振荡器。根据选频网络组成元件的不同,正弦波振荡电路通常分为 *RC* 振荡器、*LC* 振荡器和石英晶体振荡器。下面以 LM741 构成的 *RC* 正弦波振荡器为例,给出仿真电路设计及电路参数理论计算。仿真电路如图 5-2-2 所示,图中所给参数值仅供参考。仿真波形如图 5-2-3 所示。

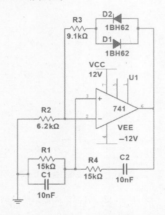

图 5-2-2 RC 正弦波振荡器仿真电路

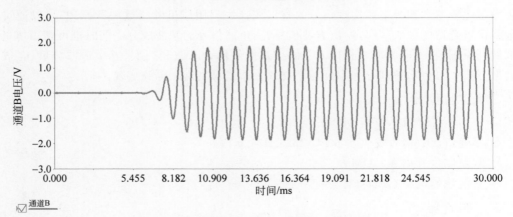

图 5-2-3 RC 正弦波振荡器电路仿真波形

该电路输出的正弦波频率 f_0 只与电路中选频网络的 RC 有关,关系式如下:

$$f_0 = \frac{1}{2\pi RC} \tag{5-2-1}$$

2. 运算放大电路

常见的运用于信号幅度增强的模拟电路有反相比例放大电路和同相比例放大电路。其原理图如图 5-2-4 所示。

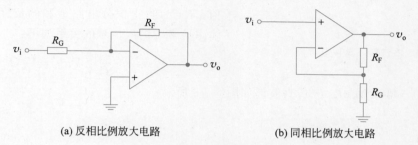

(a) 反相比例放大电路   (b) 同相比例放大电路

图 5-2-4 比例运算放大电路

其中电路的电压增益 A_v 与电路中元件参数关系如下:

$$A_v = \frac{V_{OUT}}{V_{IN}} = -\frac{R_F}{R_G} \tag{5-2-2a}$$

$$A_v = \frac{V_{OUT}}{V_{IN}} = 1 + \frac{R_F}{R_G} \tag{5-2-2b}$$

3. 方波产生电路

通过单门限电压比较器可快速、简便地实现将正弦波波形整形变换为方波波形的功能。即将电压比较器的负端接地,则参考电压为零伏,超过参考电压输出正值,低于参考电压输出数值,从而实现由正弦波到方波的变换。仿真设计参考电路如图 5-2-5 所示,其使用的 OPAMP_3T_VIRTUAL 是 Multisim 中三个引脚的虚拟运算放大器,是一种最理想、没有参数限制的一种运算放大器。仿真波形如图 5-2-6 所示。

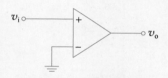

图 5-2-5 电压比较器仿真电路

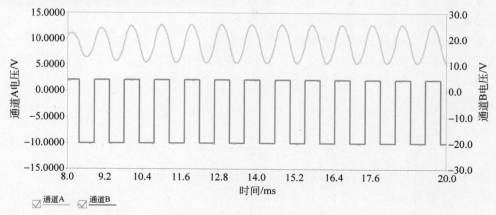

图 5-2-6 电压比较器仿真波形

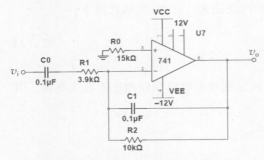

图 5-2-7　方波转三角波参考仿真电路

4. 三角波产生电路

　　将运算放大器接成积分器应用形式,输入一个方波信号,输出就可得到一个三角波。其参考仿真电路设计如图 5-2-7 所示。

　　其中 C_0 是隔直电容。R_1、C_1 构成积分电路,可通过调节 R_1 的大小改变输出三角波的幅值。R_2 为防止积分电路饱和的反馈电阻。其输出信号与输入信号的关系如下:

$$V_o = -\frac{1}{RC}\int_{t_1}^{t_2} V_i \mathrm{d}t + V_o(t_1) \quad (5\text{-}2\text{-}3)$$

方波转三角波 Multisim 仿真波形如图 5-2-8 所示。

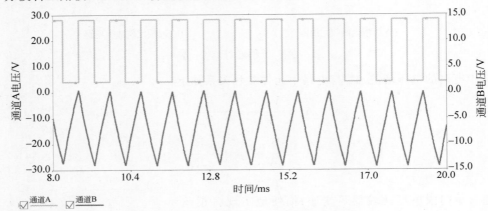

图 5-2-8　方波转三角波 Multisim 仿真波形

5. 滤波电路

1) 方波转正弦波

　　方波转正弦波电路在电子的许多不同领域都有广泛的应用,例如数学运算、声学、音频转换、电源及函数发生器等。通过傅里叶级数展开可知,任意一个信号可以用多个(几个或无穷多个)正弦波表示。故通过傅里叶级数将如图 5-2-9

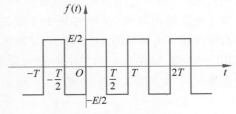

图 5-2-9　方波信号周期波形图

所示周期方波信号 $f(t)$ 展开得式(5-2-4),可以发现它只含有一、三、五……奇次正弦谐波分量。

$$\begin{aligned} f(t) &= \frac{2E}{\pi}\left[\sin 2\pi ft + \frac{1}{3}\sin 6\pi ft + \frac{1}{5}\sin 10\pi ft + \cdots + \frac{1}{n}\sin 2n\pi ft + \cdots\right] \\ &= \frac{2E}{\pi}\left[\sin\omega t + \frac{1}{3}\sin 3\omega ft + \frac{1}{5}\sin 5\omega t + \cdots + \frac{1}{n}\sin n\omega t + \cdots\right] \end{aligned} \quad (5\text{-}2\text{-}4)$$

其中 $n = 1,3,5,\cdots,\omega = 2n\pi f$ 为周期方波信号的角频率。

　　故可以采取低通滤波器电路,设置截止频率 f_c 大于基波频率分量,小于三次谐波分量,实现滤出一次基波频率的正弦波输出。其参考仿真电路设计如图 5-2-10 所示,输入输出仿真波形如图 5-2-11 所示。

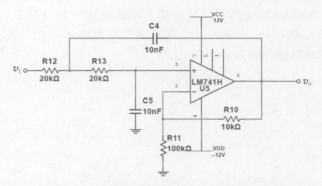

图 5-2-10 二阶低通有源滤波—方波转正弦波仿真电路

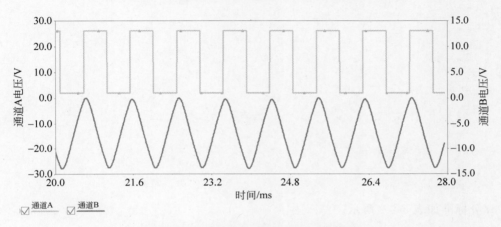

图 5-2-11 方波转正弦波电路仿真波形图

2）三角波转正弦波

三角波转正弦波的原理，与方波转正弦波相同。根据傅里叶级数展开可知，三角波含有基波和三次、五次等奇次正弦波谐波分量，因此通过低通滤波器取出基波，滤除高次谐波，即可实现三角波转换成与其频率相同的正弦波输出。电路图略。参考仿真波形如图 5-2-12 所示。

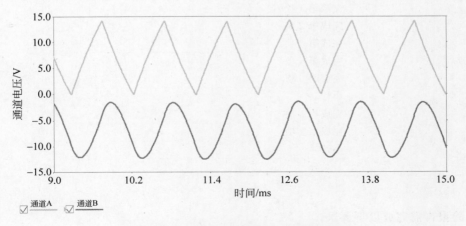

图 5-2-12 三角波转正弦波电路仿真波形图

由运算放大器 LM741 搭建的系统整体仿真电路设计可参考图 5-2-13。其中 XFC1～
XFC2 为虚拟仪器——频率计,用于测试电路输出信号频率;XSC1～XSC5 为虚拟仪器示
波器,用于测试查看电路输出波形及幅值。

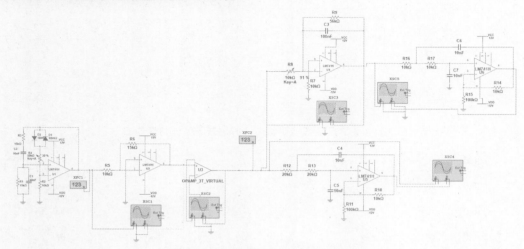

图 5-2-13　信号波形产生及变换电路

5.2.3　考核评分

一、评分标准

评分标准如表 5-2-2 所示。

表 5-2-2　评分标准

	项　目	分　数
实验报告	系统方案论证	5
	理论分析与计算	5
	测试方案与测试结果	5
	设计报告结构及规范性	5
	小计	20
基本要求	完成第 1 项	20
	完成第 2 项	5
	完成第 3 项	5
	完成第 4 项	10
	完成第 5 项	20
	小计	60
进阶要求	完成第 1 项	10
	完成第 2 项	10
	小计	20
	总分	100

二、实验报告

实验报告需完成以下要求。

1. 能够根据综合设计技术指标要求,选择合理的技术方案。

2. 能够画出系统整体电路图,对各部分单元电路中的元器件型号及参数的选择要有理论和计算依据,型号和参数在图中标出。

3. 有清晰的设计及调试步骤,并记录各部分单元电路的测试结果。

4. 提供最终的测试结果波形照片。

5. 写出本次综合设计的收获及心得体会。

三、测试结果

由面包板搭建的参考电路如图 5-2-14 所示。

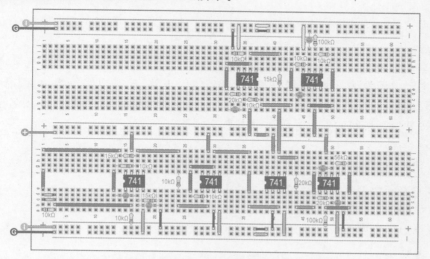

面包板布局图

演示视频

图 5-2-14 信号波形产生及变换电路面包板整体布局图(见彩插)

5.3 多功能抢答电路设计

5.3.1 任务要求

一、设计任务

设计一个多功能抢答电路。

二、基本指标

1. 抢答器同时供 3 名选手或 3 个代表队比赛,分别用 3 个按钮 $S_1 \sim S_3$ 表示。

2. 设置复位开关,主持人复位开始抢答,获得抢答的选手显示对应 LED。

3. 抢答器具有锁存与显示功能,优先抢答选手的编号保持到主持人将系统复位。

三、进阶要求

1. 抢答器具有定时抢答功能,且一次抢答的时间由主持人设定(如 9s)。当主持人启动"开始"键后,定时器进行计时。

2. 参赛选手在有效时间内抢答,定时器停止工作,显示器上显示选手的编号和抢答的时间,并保持到主持人将系统清除为止。

3. 如果抢答时间已到,却没有选手抢答,本次抢答无效,系统短暂报警并封锁输入电路,禁止选手超时后抢答,时间显示器显示 0。

5.3.2 方案原理

一、系统框图

系统结构框图如图 5-3-1 所示。

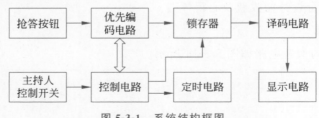

图 5-3-1　系统结构框图

系统主要由优先编码电路、译码显示电路、定时电路、控制电路等组成,综合运用编码器、译码器、锁存器、计数器、多谐振荡器等知识,完成智力抢答器的设计,在多名选手中,将第一时间按下抢答按钮的选手号码显示出来。

二、实验仪器

1. 多功能混合域示波器 MDO-2000A。
2. 多通道函数信号发生器 MFG-2220HM。
3. 双显测量万用表 GDM-8352。
4. 直流稳压电源 GPD-3303。

三、实验器材

推荐使用实验器件清单如表 5-3-1 所示。

表 5-3-1　实验器件清单

名　称	型　号	数　量
按键	不带自锁	10
优先编码器	74LS148	2
RS 触发器	74LS279	2
加/减计数器	74LS161/74LS192	1
555 定时器	NE555	1
LED 数码管	共阴/共阳	2
七段译码器	74LS48/74LS47	2
或门	74LS32	1
数值比较器	74LS85	1
与非门	74LS00/74LS20	2
非门	74LS04	3
电阻	自选	不限
电容	自选	不限

四、实验原理

1. 抢答控制电路

抢答电路的功能有两个:一是能分辨出选手按键的先后,并锁存优先抢答者的编号,供译码显示电路用;二是要使其他选手按键操作无效。图 5-3-2 为抢答控制单元,S_1、S_2、S_3 为三路抢答按键,D_1、D_2、D_3 为三个 LED,模拟对应抢答按键的编号。其工作原理是当主持人控制开关处于"清零"位置时,RS 触发器的清零端为低电平,输出端为低电平,LED 均熄灭,即选手按键无效。

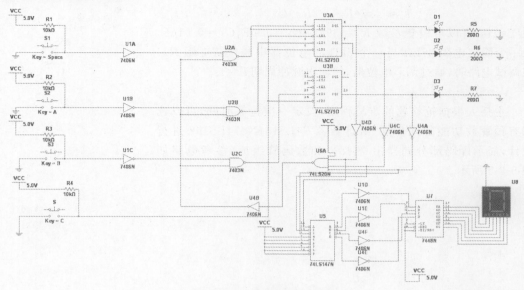

图 5-3-2　抢答控制电路

2. 编码、译码显示电路

　　编码、译码显示电路由优先编码器 74LS147N、译码器 7448N、数码管及四个反相器构成,如图 5-3-3 所示。74LS147N 的三个输入端分别接抢答控制电路的输出,经编码后反相,由 7448N 译码输出胜出者的按键编号。当主持人松开"复位键"时,使优先编码器和锁存电路同时处于工作状态,即抢答器处于等待工作状态,等待编码器输入端 $\overline{I}_7\cdots\overline{I}_0$ 输入信号,当抢答控制电路输出第一个选手按下按键的状态(如按下 S_2),74LS147N 的输入 $\overline{A}_2\overline{A}_1\overline{A}_0=$ 010,输出 $Q_3Q_2Q_1Q_0=1101$,经反相器输出 0010,经显示译码器输出选手按键编号"2"。

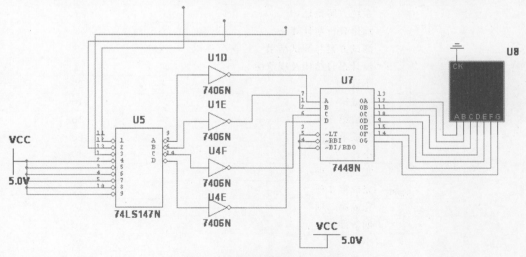

图 5-3-3　编码、译码显示电路

3. 秒脉冲电路

　　秒脉冲发生电路为定时电路提供时钟脉冲控制,由 555 定时器构成多谐振荡器。如

图 5-3-4 所示,该电路输出脉冲的周期为

$$T \approx 0.7(R_1 + 2R_2)C$$

取 $T \approx 1s$,所以可设置参数 $R_1 = 39k\Omega$,$C_1 = 10\mu F$,$C_2 = 0.01\mu F$,取一个固定电阻 47kΩ 与一个 5kΩ 的电位器串联代替电阻 R_2。在调试电路时,通过调节电位器,使输出脉冲周期 $T = 1s$。

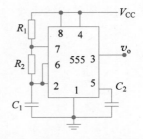

图 5-3-4 秒脉冲信号发生器

4. 定时电路

主持人根据抢答题的难易程度,设定一次抢答时间,可以选用有预置数功能的同步加/减计数器 74LS161N/74LS192 进行设计,显示译码部分同样由 7448N 和数码管组成,参考电路如图 5-3-5 所示。

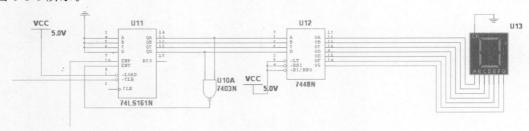

图 5-3-5 定时电路

5.3.3 考核评分

一、评分标准

评分标准如表 5-3-2 所示。

表 5-3-2 评分标准

项　　目		分　　数
实验报告	系统方案论证	2
	理论分析与计算	6
	测试方案与测试结果	9
	设计报告结构及规范性	3
	小计	20
基本要求	完成第 1 项	10
	完成第 2 项	10
	完成第 3 项	20
	小计	40
进阶要求	完成第 1 项	10
	完成第 2 项	10
	完成第 3 项	10
	创新部分	10
	小计	40
总分		100

二、实验报告

实验报告需完成以下要求。

1. 写明设计要求、实验设备、器件清单。

2. 分析抢答电路设计思路,画出组成框图,对各部分单元中元器件的选择要有依据,具有对应理论计算和器件功能测试。

3. 画出仿真单元电路,有清晰的设计和调试步骤。

4. 提供测试结果、波形图片。

5. 写出本次综合设计的收获及心得体会。

三、测试结果

多功能抢答器面包板布局图如图 5-3-6 所示。

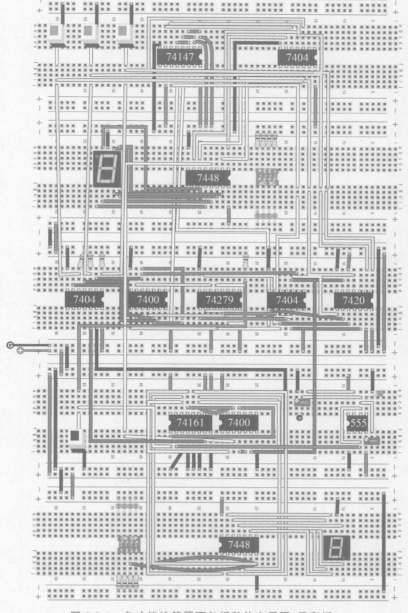

面包板布局图

演示视频

图 5-3-6 多功能抢答器面包板整体布局图(见彩插)

5.4 多功能数字钟电路设计

5.4.1 任务要求

一、设计任务

设计一个多功能数字钟电路。利用集成译码器、计数器、定时器、数码管、脉冲发生器和必要的门电路等数字器件实现系统设计。

二、基本指标

1. 设计一台能显示时、分、秒的数字电子钟,要求用六位数码管显示时间。

2. 具有六十进制和二十四进制(或十二进制)计数功能,秒、分为六十进制计数,时为二十四进制(或十二进制)计数。

3. 具有手动校时、校分的功能。

三、进阶要求

1. 具有整点报时功能。

2. 可设置定时时长,具有预警提示功能。

3. 实现万年历功能。

5.4.2 方案原理

一、系统框图

系统结构框图如图 5-4-1 所示。

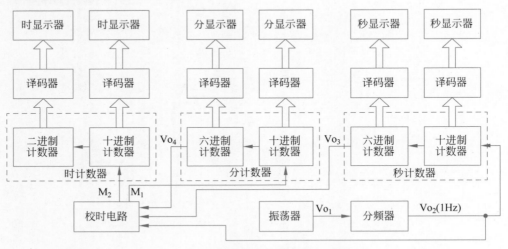

图 5-4-1　系统总体框图

数字钟实际上是一个对标准频率(1Hz)进行计数的计数电路,计数器的输出分别经译码器送显示器显示,系统主要由振荡器、分频器、计数器、译码器、显示器和校时电路组成。振荡器产生稳定的高频脉冲信号,作为数字钟的时间基准,然后经过分频器输出标准秒脉冲,或者由 555 构成的多谐振荡器直接产生 1Hz 的脉冲信号。秒计数器满 60 后向分计数器进位,分计数器满60后向小时计数器进位,小时计数器按照"24 翻 1"规律计数。校时电路用于当计时出现误差时手动调整。

二、实验仪器

1. 多功能混合域示波器 MDO-2000A。
2. 多通道函数信号发生器 MFG-2220HM。
3. 双显测量万用表 GDM-8352。
4. 直流稳压电源 GPD-3303。

三、实验器材

推荐使用实验器件清单如表 5-4-1 所示。

表 5-4-1 实验器件清单

名 称	型 号	数 量
计数器	74LS90/74LS161	6
七段译码器	74LS48	6
LED 数码管	LG5011AH	6
555 定时器	NE555	1
开关	单刀双掷	3
与非门	74LS00/74LS20	2
电阻	自选	不限
电容	自选	不限

四、实验原理

1. 振荡器电路

晶体振荡器是数字钟的核心,振荡器的稳定度和频率的精确度决定了数字钟计时的准确程度,通常采用石英晶体构成振荡器电路。一般来说,振荡器的频率越高,计时的精度也就越高,常取晶振频率为 32.768kHz,然后利用集成分频电路,得到 1Hz 的标准时钟。如果精度要求不高,也可以采用集成电路计时器 555 与 RC 组成的多谐振荡器。仿真电路参如图 5-4-2 所示。图中电容 C_2、电阻 R_9 和 R_{12} 作为振荡器的定时元件,用以控制电容的充、放电,决定输出矩形波正、负脉冲的宽度。

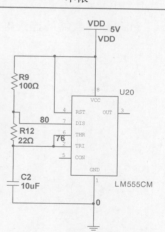

图 5-4-2 多谐振荡器仿真电路

2. 计时单元电路

时间计数单元由时计数、分计数和秒计数等部分组成。时计数单元为二十四进制计数器,分计数和秒计数单元为六十进制计数器,其输出为两位 8421BCD 码形式。本实验可选择前面实验所学的两块 74LS161 芯片级联分别产生六十进制和二十四进制计数器,也可以用两块 74LS90 芯片进行级联。

74LS90 是异步二—五—十进制加法计数器,既可以作二进制加法计数器,又可以作五进制和十进制加法计数器。图 5-4-3 为 74LS90 引脚图,表 5-4-2 为 74LS90 功能表。

CP_B	1	14	CP_A
$R_{0(1)}$	2	13	NC
$R_{0(2)}$	3	12	Q_0
NC	4	11	Q_3
V_{CC}	5	10	GND
$S_{9(1)}$	6	9	Q_1
$S_{9(2)}$	7	8	Q_2

74LS90

图 5-4-3   74LS90 引脚图

表 5-4-2   74LS90 功能表

输　　入					输　　出				说　明
$R_{9(1)}$	$R_{9(2)}$	$S_{9(1)}$	$S_{9(2)}$	CP	Q_3	Q_2	Q_1	Q_0	
1	1	×	0	×	0	0	0	0	清零
		0	×						
0	×	1	1	×	1	0	0	1	置9
×	0	1	1	×					
×	0	0	0	↓(CP_A)	1 位二进制计数				
0	×	0	×	↓(CP_A)					
0	×	×	0	↓(CP_B)	五进制计数				
×	0	0	×	↓(CP_B)					

1) 用 74LS90 构成秒和分计数器电路

秒和分计数器的连接电路图如图 5-4-4 所示。

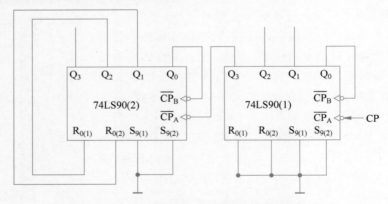

图 5-4-4   秒和分计数器的连接电路图

2) 用 74LS90 构成时计数器电路

时个位计数单元电路结构仍与秒个位计数单元相同,但是要求整个时计数单元应为二十四进制计数器,所以在两块 74LS90 构成的一百进制中截取 24,就要在 24 时进行异步清零。时计数器的连接电路图如图 5-4-5 所示。

3. 译码显示单元电路

计数器实现了对时间的累计以 8421BCD 码形式输出,译码驱动电路将计数器输出的

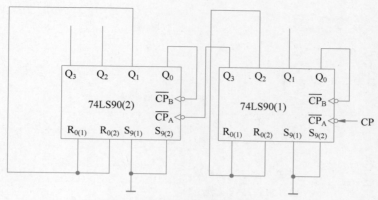

图 5-4-5　时计数器的连接电路图

8421BCD 码转换为数码管需要的逻辑状态，并且为七段数码管的正常工作提供足够的工作电流。译码器在数字系统中有广泛的用途，不仅用于代码的转换、终端的数字显示，还用于数字分配、存储器寻址和组合控制信号等。译码器可以分为通用译码器和显示译码器两大类。用于驱动 LED 七段数码显示常用的有 74LS48。

译码显示电路由共阴极译码器 74LS48 和七段数码管 LED 组成。74LS48 和 LG5011AH 的连接图可参考图 5-3-4 中的译码显示电路。

4. 校时单元电路

当数字钟走时出现误差时，需要校正时间。校时控制电路实现对"秒""分""时"的校准。对校时电路的要求是：在小时校正时不影响分和秒的正常计数；在分校正时不影响秒和小时的正常计数，所以，必须要有两个控制开关分别控制分个位和时个位的脉冲信号。在校时时，应截断分个位或者时个位的直接计数通路，并采用正常计时信号与校正信号可以随时切换的电路接入。图 5-4-6 为校"时"、校"分"电路。其中 J2 为校"分"用的控制开关，J3 为校"时"用的控制开关。

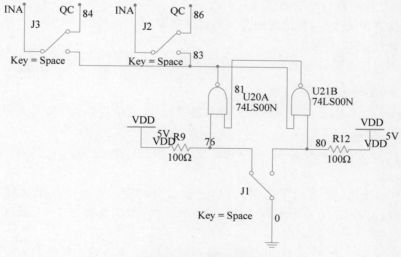

图 5-4-6　校时电路图

5.4.3 考核评分

一、评分标准

评分标准如表 5-4-3 所示。

表 5-4-3 评分标准

	项 目	分 数
实验报告	系统方案论证	2
	理论分析与计算	6
	测试方案与测试结果	9
	设计报告结构及规范性	3
	小计	20
基本要求	完成第 1 项	10
	完成第 2 项	10
	完成第 3 项	20
	小计	40
进阶要求	完成第 1 项	10
	完成第 2 项	10
	完成第 3 项	10
	创新设计	10
	小计	40
	总分	100

二、实验报告

实验报告需完成以下要求。

1. 写明设计要求、实验设备、器件清单。

2. 分析数字钟电路设计思路,画出组成框图,对各部分单元中元器件的选择要有依据,具有对应理论计算和器件功能测试。

3. 画出仿真单元电路,有清晰的设计和调试步骤。

4. 提供测试结果、波形图。

5. 写出本次综合设计的收获及心得体会。

三、测试结果

首先给秒个位的 INA 端输入一个标准秒脉冲信号,此信号即为 555 脉冲发生器产生的标准脉冲信号。

(1) J3、J2 开关都打向上边时,数字钟开始计数,其中,秒、分为六十进制计数,时为二十四进制计数。

(2) J3 打向上边,J2 打向下边时,可以进行校分功能:手动产生单次脉冲作校时脉冲,即每拨动校时开关 J1 一个来回,计数器计数一次,多次拨动开关 J1 就可以进行准确校时。

(3) J3 打向下边,J2 打向上边时,可以进行校时功能,其方法与校分的方法相同。

图 5-4-7 显示了使用 74LS90 构成多功能数字钟的原理图。

图 5-4-8 显示了使用 74LS161 构成多功能数字钟面包板布局图。

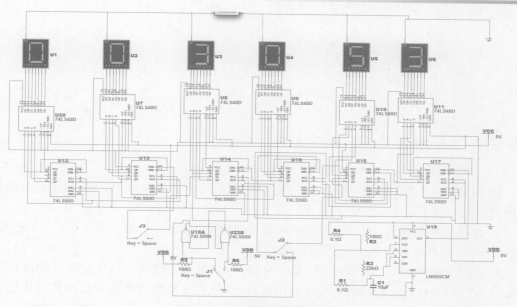

图 5-4-7　多功能数字钟原理图

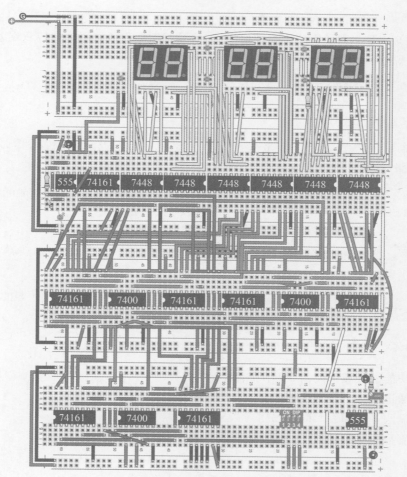

面包板布局图

演示视频

图 5-4-8　多功能数字钟面包板整体布局图（见彩插）

5.5　信号采集与还原系统

5.5.1　任务要求

一、设计任务

设计一个正弦波信号采集与还原系统。

二、基本指标

1. 信号产生：利用振荡电路产生正弦波信号，信号频率范围为 $100\sim2000\,Hz$，电压峰-峰值范围为 $2\sim3V$。

2. 信号运算及调理：将产生的正弦波信号调理成满足 ADC 输入要求的信号，电压范围为 $0\sim5V$，运算放大器采用双电源供电。

3. 信号采集及还原：利用典型的数字电路（计数器、多谐振荡器、单稳态触发器）产生满足 ADC 和 DAC 芯片时序要求的控制信号，将信号通过模数转换和数模转换芯片还原，最后利用运算放大器对信号进行滤波处理。

三、进阶要求

信号调理电路：为了实现更高的信噪比，信号调理电路可采用单端转双端差分电路、减法电路、加法电路。

5.5.2　方案原理

一、系统框图

正弦信号采集与还原系统主要由四部分组成：正弦波振荡电路、信号调理电路、AD/DA 电路、低通滤波电路。系统总体设计方案框图如图 5-5-1 所示。

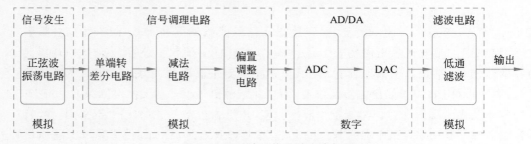

图 5-5-1　系统总体设计方案框图

二、实验仪器

1. 多功能混合域示波器 MDO-2000A。

2. 多通道函数信号发生器 MFG-2220HM。

3. 双显测量万用表 GDM-8352。

4. 直流稳压电源 GPD-3303。

三、实验器材

推荐使用实验器件清单如表 5-5-1 所示。

表 5-5-1 实验器件清单

名　称	型　号	数　量
运算放大器	OP07	1
运算放大器	NE5532	3
555 定时器	NE555	2
ADC	ADC0809	1
DAC	DAC0832	1
计数器	74LS161	2
触发器	74LS74	2
非门	74LS04	1
与门	74LS08	1
滑动变阻器	2kΩ、10kΩ	各2个
电阻	100kΩ、10kΩ、4.5kΩ、360Ω、82kΩ、5kΩ、1kΩ	不限
电容	10μF/16V、100nF、1nF、10nF	不限
二极管	1N4148	2

四、实验原理

1. 正弦波振荡电路

如图 5-5-2 所示,正弦波振荡电路由放大电路、选频网络、正反馈网络等部分组成。选频网络通常分为 RC 正弦波振荡电路、LC 正弦波振荡电路和石英晶体振荡电路三种类型。

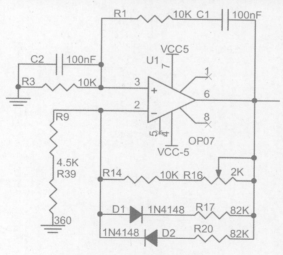

图 5-5-2 文氏桥振荡电路

本实验采用 RC 桥式正弦波振荡电路(文氏桥振荡电路)产生正弦波,此电路振荡稳定且输出波形良好,输出信号频率可在较宽范围内调节。产生的正弦波信号波形如图 5-5-3 所示。

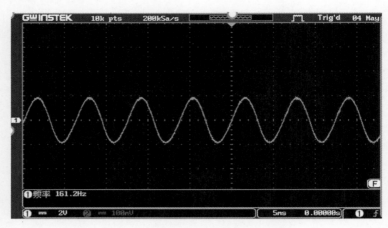

图 5-5-3　文氏桥振荡电路输出波形

2. 信号调理电路

文氏桥振荡电路产生的正弦波为双极性信号，无法送给 ADC 进行模数转换。因此首先对信号进行调理，将双极性信号调理成单极性信号，且信号幅度需满足 ADC 的输入范围。信号调理电路由三部分组成：单端转差分电路、减法电路、偏置调整电路，也可适当增减。单端转差分电路有两种实现方案：①通过两路运算放大器 NE5532AD 实现（同相比例运算放大电路＋反相比例运算放大电路），如图 5-5-4 所示；②采用全差分运算放大器 LMH6550 实现，如图 5-5-5 所示。减法电路可以将差分信号转化成单端信号。偏置调整电路由加法电路实现，输出信号在原信号基础上加上一个直流偏置。单元电路输出波形依次为图 5-5-6、图 5-5-7、图 5-5-8。

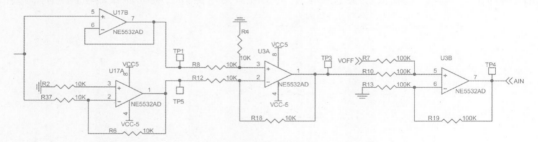

图 5-5-4　信号调理电路

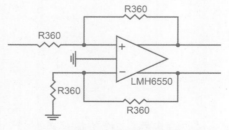

图 5-5-5　单端转差分电路

3. AD/DA 转换电路

图 5-5-9 为 AD/DA 转换电路波形输出，AD 转换电路将输入的模拟信号转换为数字信

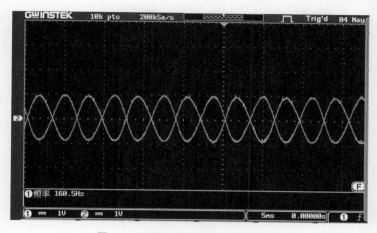

图 5-5-6 单端转差分电路波形输出

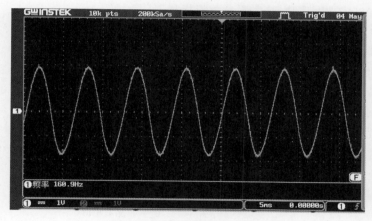

图 5-5-7 减法电路波形输出

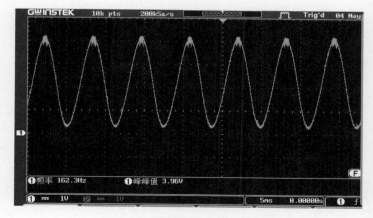

图 5-5-8 偏置调整电路波形输出

号,而 DA 转换电路是将数字信号又重新转换为模拟信号,实现模拟信号的输入输出。

1) AD 转换电路

AD 转换电路采用 8 位芯片 ADC0809,是以逐次逼近原理进行模数转换的器件。有 8

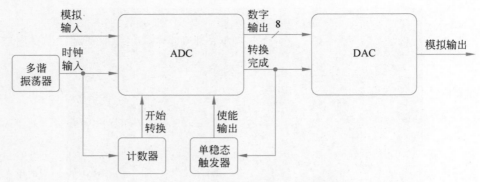

图 5-5-9　AD/DA 转换电路波形输出

个模数转换通道,它可以根据地址码锁存译码后的信号,只选通 8 路模拟输入信号中的一路进行 AD 转换。主要适用于对精度和采样率要求不高的控制领域。

阅读 ADC0809 芯片手册,其主要参数指标如下。

(1) 8 路输入通道,8 位 ADC,即分辨率为 8 位。

(2) 有转换起停控制端。

(3) 转换时间为 $100\mu s$(时钟为 640kHz 时)、$130\mu s$(时钟为 500kHz 时)。

(4) 单个 +5V 电源供电。

(5) 模拟输入电压范围为 0~5V,无须零点和满刻度校准。

(6) 低功耗,约为 15mW。

ADC0809 引脚图如图 5-5-10 所示,其主要信号引脚的功能说明如下。

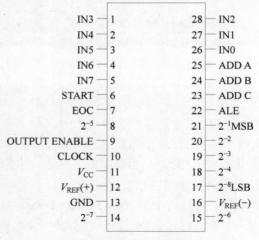

图 5-5-10　ADC0809 引脚图

(1) IN7~IN0——模拟量输入通道。

(2) ALE——地址锁存允许信号。

(3) START——转换启动信号。START 上升沿到来时,复位芯片;START 下降沿到来时,启动芯片,开始进行 AD 转换;AD 转换期间,START 应保持低电平。

(4) ADD A、B、C——地址线。通道端口选择线,A 为低地址,C 为高地址。

(5) CLK——时钟信号。ADC0809 内部没有时钟电路,所需时钟信号由外部电路提供。典型频率为 500kHz。

（6）EOC——转换结束信号。EOC＝0,正在进行转换；EOC＝1,转换结束。使用中该状态信号既可作为查询的状态标志,又可作为中断请求信号使用。

（7）$2^{-1} \sim 2^{-8}$——数据输出端。2^{-8} 为最低位,2^{-1} 为最高位。

（8）OUTPUT ENABLE(OE)——输出允许信号。OE＝0,输出数据线呈高阻；OE＝1,输出转换得到的数据。

（9）V_{CC}—— ＋5V 电源。

（10）V_{REF}——参考电压。用于与输入的模拟信号进行比较,作为逐次逼近的基准。其典型值为＋5V($V_{REF}(+) = +5V$,$V_{REF}(-) = -5V$)。

其工作时序如图 5-5-11 所示。

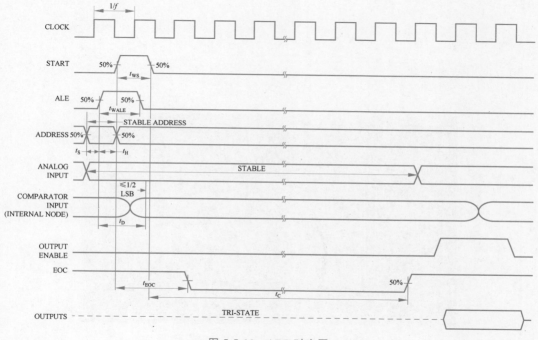

图 5-5-11　ADC 时序图

由时序图可知,START 信号是 AD 转换启动控制端,表示信号开始转换,其脉冲宽度应该大于 100ns,最快转换时间为 $100\mu s$。可通过时钟信号分频方式得到,分频器利用中规模集成计数器 74LS161 实现。计数器的时钟由 555 构成的多谐振荡器产生,如图 5-5-12 所示。多谐振荡器电路波形输出如图 5-5-13 所示。ADC START 信号产生电路如图 5-5-14 所示。

OE 信号产生：EOC 信号为 ADC 输出的转换完成信号,表示 ADC0809 芯片进入转换状态,EOC 保持低电平,转换结束后,EOC 信号变为高电平。通过外部控制输出使能信号 OE,使其由低电平变为高电平,可使芯片输出端口数据有效。接着 DAC0832 开始对数据进行数模转换。通过 EOC 信号、555 定时器组成的单稳态触发器、必要的逻辑门电路和 D 触发器可以产生满足时序要求、脉宽可调的 OE 信号。ADC OE 信号产生电路如图 5-5-15 所示。电路产生的 START、EOC、OE 信号时序如图 5-5-16 所示。

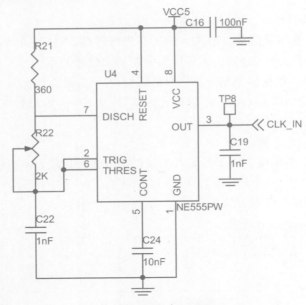

图 5-5-12   多谐振荡器电路

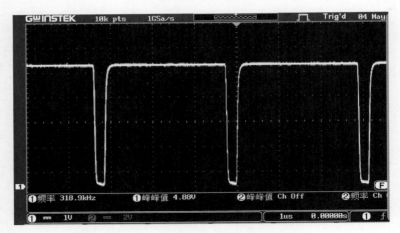

图 5-5-13   多谐振荡器电路波形输出

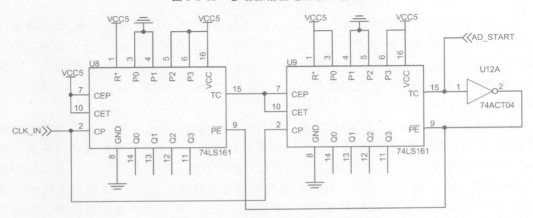

图 5-5-14   ADC START 信号产生电路

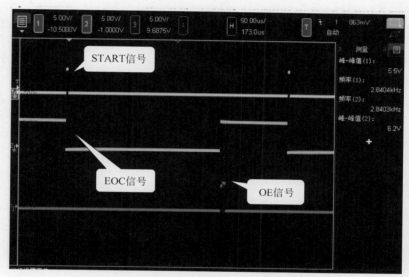

图 5-5-15 ADC OE 信号产生电路

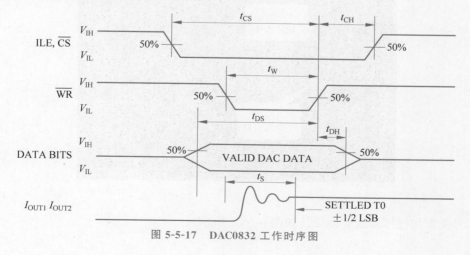

图 5-5-16 电路产生的 START、EOC、OE 信号时序

2）DA 转换电路

DA 转换电路采用芯片 DAC0832,是一款 8 位数模转换器,工作电压为 5～15V,输出电流型信号。其工作时序图如图 5-5-17 所示。

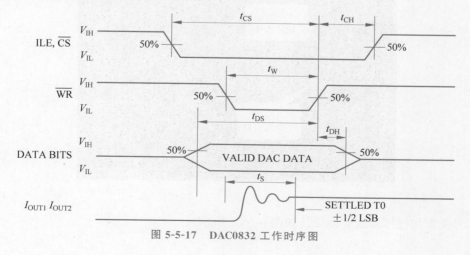

图 5-5-17 DAC0832 工作时序图

（1）$\overline{\text{CS}}$ 片选信号。低电平有效，由于系统只需一块 DAC0832，片选信号 $\overline{\text{CS}}$ 接地。

（2）$\overline{\text{WR}}$ 写使能信号。低电平有效，该信号接地，DAC0832 工作在直通模式。

（3）ILE 输入锁存使能信号。通过该信号可以控制 DAC0832 进行数模转换。该信号可利用 ADC 芯片的 EOC 信号产生，为了保证转换正确，ILE 信号有效前输入数据必须稳定，因此必须经过合适的延时，这里采用 D 触发器实现。DAC ILE 信号产生电路如图 5-5-18 所示。

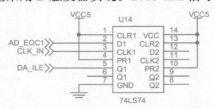

图 5-5-18　DAC0832 ILE 信号产生电路

由于 DAC0832 是电流输出，模拟输出端需接电流电压转换电路，最终将电流信号转换成电压信号。此外，ADC/DAC 的参考电压可由基准电压源提供，精度高、噪声小。DAC 输出的模拟信号需要通过低通滤波电路滤除高频信号，得到低频的正弦输出信号。低通滤波电路分为有源低通滤波电路和无源低通滤波电路。滤波电路的阶数越高，滤波效果越好，但是电路也越复杂。以下仅给出参考电路，如图 5-5-19 所示。DAC 和滤波后得到的波形如图 5-5-20 所示。

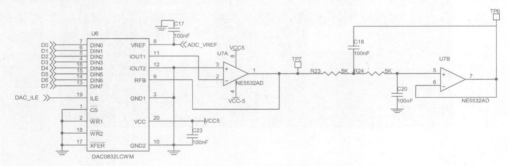

图 5-5-19　DAC0832 控制电路

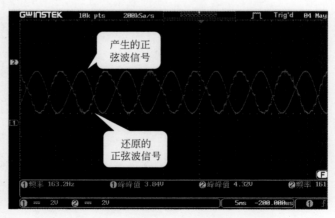

图 5-5-20　DAC 和滤波后得到的波形

信号采集与还原系统整体设计如图 5-5-21 所示。

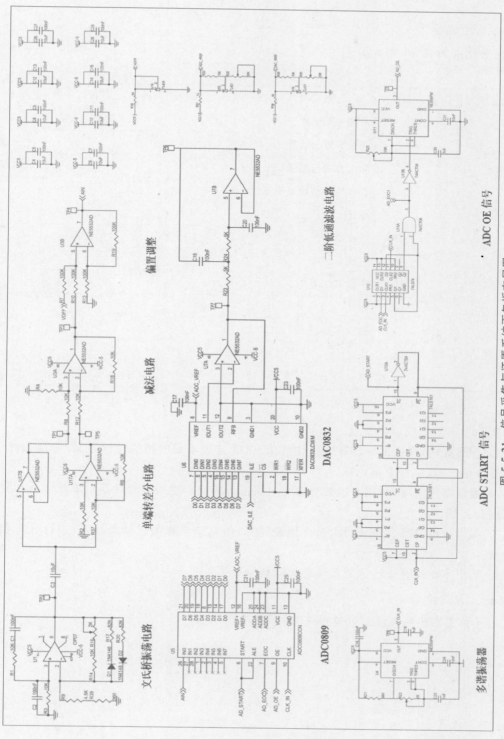

图 5-5-21 信号采集与还原系统面包板布局图

5.5.3 考核评分

一、评分标准

评分标准如表 5-5-2 所示。

表 5-5-2　评分标准

	项　目	分　数
实验报告	系统方案论证	5
	理论分析与计算	10
	测试方案与测试结果	15
	设计报告结构及规范性	5
	小计	35
基本要求	完成第 1 项	10
	完成第 2 项	15
	完成第 3 项	30
	小计	55
进阶要求	进阶部分	10
	小计	10
	总分	100

二、实验报告

实验报告需完成以下要求。

1. 查阅资料，理论推导计算结合软件仿真，确定各单元电路的设计方案、芯片选择、元器件参数值，完成系统方案论证。

2. 准备器件清单，利用面包板对单元电路进行搭建。使用实验仪器对单元电路和完整系统进行测试。

3. 提供测试结果、波形图片，对比理论计算，仿真结果和测试结果三者，进行分析和技术评价。

4. 写出本次综合设计的收获及心得体会。

三、测试结果

信号采集与还原系统面包板布局图如图 5-5-22 所示。

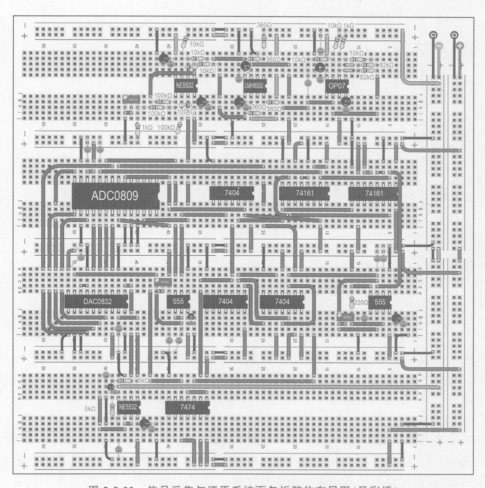

面包板布局图

演示视频

图 5-5-22　信号采集与还原系统面包板整体布局图（见彩插）

5.6　一路三位 ADC 电路的设计与实现

5.6.1　任务要求

一、实验目的

1. 熟悉模拟和数字电子系统的设计实现流程，分组合作完成本实验项目。
2. 理解模数转换器电路的原理。
3. 熟练使用仿真软件 Multisim 设计一路三位 ADC 电路，并记录仿真过程。
4. 掌握在面包板上制作电路的方法，并熟练使用常用电子测量仪器调试电路。
5. 展示汇报项目成果，对其他组的成果给出评价和建议。

二、实验工具及仪器

1. 剥线钳。
2. 万用表。

三、实验器材

推荐使用实验器件清单如表 5-6-1 所示。

表 5-6-1　实验器件清单

名　称	型　号	数　量
面包板		1
面包板电源模块-兼容 5V、3.3V MB-102 电源板		1
电阻	3.6kΩ、1.8kΩ、1kΩ	7、1、2
滑动变阻器	50 kΩ	1
四运算放大器	LM324	3
双 D 触发器	74LS74	4
2 输入四或非门	74LS02	2
六反相器	74LS04	1
2 输入四或门	74LS32	1
编码器	74LS148	1
LED 灯		12

5.6.2　方案原理

本次实验项目是制作 AD 转换电路,完成由一路模拟量到三位数字量的转换,即从 000 到 001、010、011、100、101、110、111。为了直观地观察到转换得到的数字量,使用三个 LED 灯显示输出结果,灯亮表示输出的 1(高电平),灯灭表示输出的为 0(低电平)。

1. 模拟量输入部分

首先是输入模拟电压量,该环节由 5V 电源和 50kΩ 的滑动变阻器组成,当调节 50kΩ 的滑动变阻器时,就能得到不同的输入模拟电压,该电压与后面七路比较器的同相输入端相连,与各级比较器的反相输入端电压值进行比较。对应电路如图 5-6-1 中方框 1 所示。

2. 分压比较部分

七路比较器 TLE2074 的同相端加载输入模拟信号,反相端为 8 个电阻(7 个 3.6kΩ、1 个 1.8kΩ)对电源进行分压后形成的七种基准电压,比较器输出端所接的 LED 灯用于显示比较结果。如果同相端的电压高于反相端的电压,比较器就输出高电平,该比较器后的 LED 灯亮。如果同相端的电压小于反相端的电压,比较器就输出低电平,LED 灯不亮。

注意:比较器 TLE2074 为双电源供电,这给实际电路制作增加了困难。为此本项目中选择单电源运算放大器 LM324 实现比较功能,由于仿真软件库中没有 LM324,需要读者在制作电路时自行查阅器件的引脚及功能资料。对应电路如图 5-6-1 中方框 2 所示。

3. 寄存器部分

在比较器后面所接的 7 个触发器,也称数码寄存器,它的作用是暂时保存比较器的输出结果,在时钟脉冲的上升沿到来时,同步输出给后续编码电路。比较器的输出端与触发器的数据输入端相接,时钟信号选择幅值为 5V、频率为 800Hz 的方波信号,其中频率参数可自行设定。

注意:仿真电路中加载周期时钟信号可方便观察输入变化时输出结果的变化,但实际制作电路中加载时钟信号源会给后续调试带来不便,故该环节用开关和电阻代替,需要读者自行查阅资料完成。对应电路如图 5-6-1 中方框 3 所示。

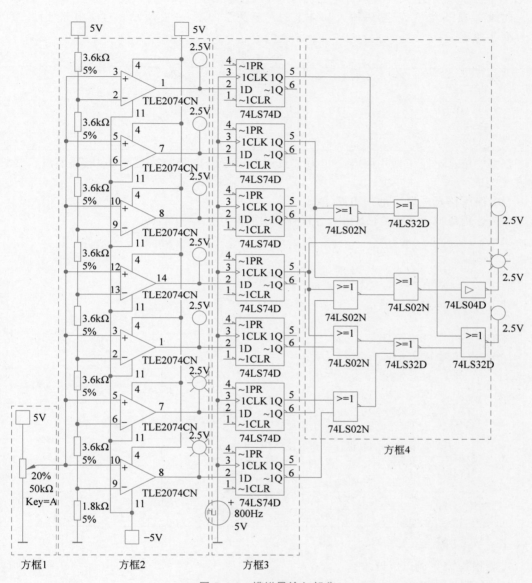

图 5-6-1 模拟量输入部分

4. 编码电路部分

D 触发器的后面这一部分是编码电路,由编码器将信息转化为三位二进制数,最后由 LED 灯直观地表示出来。该部分电路由 2 输入四或非门 74LS02、六反相器 74LS04 以及 2 输入四或门 74LS32 实现,编码输入和结果的对应关系如表 5-6-2 所示。对应电路如图 5-6-1 中方框 4 所示。

表 5-6-2 编码输入和结果

输 入	输 出	输 入	输 出
1111111	111	1110000	011
1111110	110	1100000	010
1111100	101	1000000	001
1111000	100	0000000	000

注意:仿真电路中使用门电路是为了直观展示编码电路的实现原理,该环节可选择两种方式完成。

(1)使用仿真电路中的门电路实现。

(2)选用集成编码器 74LS148,自行查阅引脚和功能说明完成。

5.6.3 考核评分

一、评分标准

评分标准如表 5-6-3 所示。

表 5-6-3 评分标准

	项 目	分 数
实验报告	系统方案论证	5
	理论分析与计算	20
	测试方案与测试结果	20
	设计报告结构及规范性	5
	小计	50
实验过程	使用 Multisim 设计一路三位 ADC 电路	20
	在面包板上实现一路三位 ADC 电路	20
	展示汇报项目成果	10
	小计	50
	总分	100

二、实验报告

实验报告需完成以下要求。

(1)写明设计要求、实验设备、器件清单。

(2)分析一路三位 ADC 电路设计思路,画出组成框图,对各部分单元中元器件的选择要有依据,具有对应理论计算和器件功能测试。

(3)画出仿真单元电路,有清晰的设计和调试步骤。

(4)提供测试结果、波形图片。

(5)写出本次综合设计的收获及心得体会。

三、实验成品及过程展示

最终面包板整体布局图如图 5-6-2 所示。

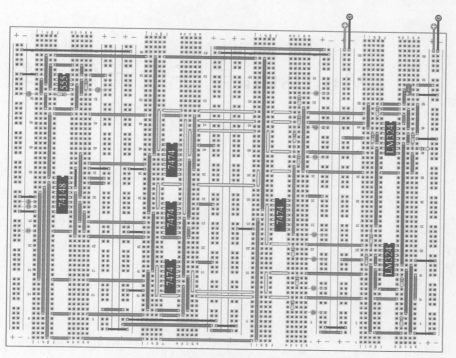

图 5-6-2　一路三位 ADC 电路面包板整体布局图（见彩插）

面包板布局图

演示视频

附录 A
APPENDIX A

Multisim 电子设计仿真软件

Multisim 是行业标准的 SPICE 仿真和电路设计软件,适用于模拟、数字和电力电子领域的教学和研究。Multisim 集成了业界标准的 SPICE 仿真以及交互式电路图环境,可即时可视化和分析电子电路的行为。本书使用软件版本为 NI Multisim 14.3。

A.1 基本功能

打开 Multisim 14.3 后,其基本界面如图 A-1-1 所示。Multisim 的基本界面主要包括菜单栏、标准工具栏、视图工具栏、主工具栏、仿真开关、元件工具栏、仪器工具栏、设计工具栏、电路工作窗、电子表格视窗等。

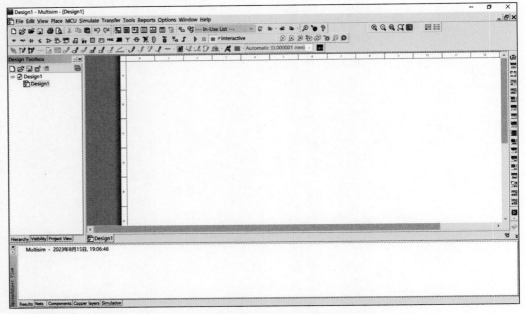

图 A-1-1　Multisim 基本界面

1. 菜单栏

Multisim 的菜单栏包含 12 项,如图 A-1-2 所示,分别为文件(File)、编辑(Edit)、视图(View)、放置(Place)、MCU 菜单、仿真(Simulate)、文件输出(Transfer)、工具(Tools)、报告

（Reports）、选项（Options）、窗口（Window）和帮助（Help）。以上每个菜单下都有一系列功能命令，用户可以根据需要在相应的菜单下寻找更多的功能命令。

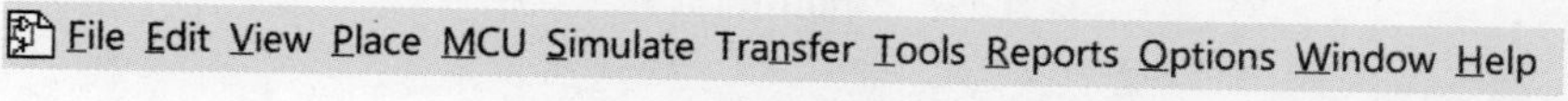

图 A-1-2　Multisim 菜单栏

2. 标准工具栏

标准工具栏如图 A-1-3 所示，主要提供一些常用的文件操作功能，包括新建文件、打开文件、打开设计实例、文件保存、打印电路、打印预览、剪切、复制、粘贴、撤销等。

图 A-1-3　　Multisim 标准工具栏

3. 视图工具栏

视图工具栏如图 A-1-4 所示，视图工具栏功能分别为放大、缩小、对指定区域进行放大、在工作空间一次显示整个电路和全屏显示。

图 A-1-4　Multisim 视图工具栏

4. 主工具栏

主工具栏如图 A-1-5 所示，主工具栏功能分别为：显示或隐藏设计工具栏；显示或隐藏电子表格视窗；显示或隐藏 SPICE 网表查看器；打开试验电路板查看器；图形和仿真列表；对仿真结果进行后处理；打开母电路图；打开新建元器件向导；打开数据库管理窗口；正在使用元器件列表；ERC 电路规则检测等。这些功能使得电路设计更加方便。

图 A-1-5　Multisim 主工具栏

5. 仿真开关

仿真开关如图 A-1-6 所示，用于控制仿真过程的开关有仿真启动、暂停、停止开关和交互式仿真分析选择。

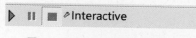

图 A-1-6　Multisim 仿真开关

6. 元件工具栏

图 A-1-7 显示的 Multisim 的元件工具栏包括 20 种元件分类库，每个元件库放置同一类型的元件，主要模块有：电源库、基本元件库、二极管库、晶体管库、模拟器件库、TTL 器件库、CMOS 元件库、其他数字元件库、混合元件库、显示元件库、功率元件库、其他元件库、高级外设元件库、RF 射频元件库、机电类元件库、NI 元件库、连接器元件库、微处理器模块、层次化模块和总线模块。

图 A-1-7　Multisim 元件工具栏

7. 仪器工具栏

仪器工具栏如图 A-1-8 所示,包含各种对电路工作状态进行测试的仪器仪表,主要有数字万用表、函数信号发生器、瓦特表、双通道示波器、四通道示波器、波特图仪、频率计、字信号发生器、逻辑转换仪、逻辑分析仪、伏安特性分析仪、失真分析仪、频谱分析仪、网络分析仪、安捷伦函数发生器、安捷伦万用表、安捷伦示波器、泰克示波器等。

图 A-1-8　Multisim 仪器工具栏

界面还包括设计工具箱、电路工作区、电子表格视窗、状态栏等。

A.2　操作流程

Multisim 软件基本仿真步骤包含以下 6 步。

(1) 建立电路文件。

(2) 放置元器件和仪表。

(3) 元器件编辑。

(4) 连线和进一步调整。

(5) 电路仿真。

(6) 输出分析结果。

先打开 Multisim 软件,完成一个基本的电路设计仿真项目。

1. 建立电路文件

新建电路文件(图 A-2-1)的方法如下。

(1) 建立一个名为 Design1 的空白电路文件。

(2) 选择 File/New/Blank 命令,新建一个空白电路文件。

(3) 按标准工具栏中的 New 按钮,新建文件。

所有新建的文件都按软件默认命名,用户可对其重新命名。

2. 放置元器件和仪器仪表

放置元器件(图 A-2-2)的方法如下。

(1) 元器件工具栏直接选取。

(2) 选择菜单 Place/Component。

(3) 在绘图区右击,利用弹出菜单放置。

所有元件分为几组(Group),各组下又分出几个系列(Family),各系列元器件在 Component 栏下显示。

元器件操作还包括如下内容。

(1) 搜索元器件:当不清楚要选择的元器件在哪个分类下,单击 Search 按钮查找元器件,当仅知道芯片的部分名称,可用"＊"号代替未知的部分进行查找。元器件搜索如

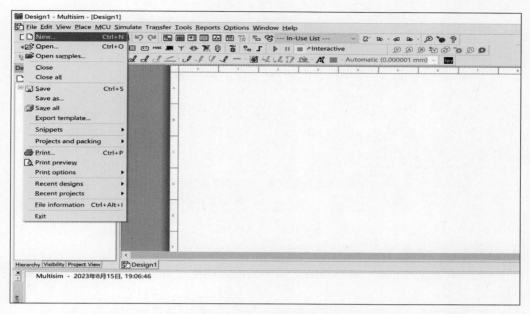

图 A-2-1　新建电路文件

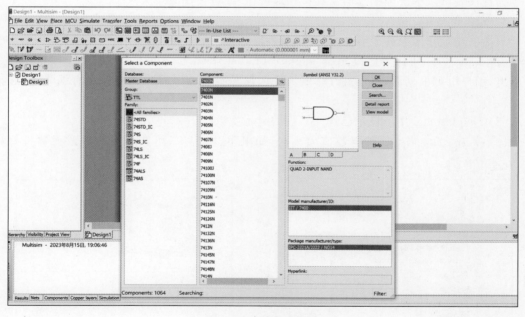

图 A-2-2　放置元器件

图 A-2-3 所示。

（2）移动元器件：要把工作区内的某一个或多个元器件移到指定位置，将要移动的元器件框选起来，然后用鼠标左键拖曳其中任意一个即可。

（3）元器件调整：为了使电路布局更合理，常需要对元器件的放置方位进行调整。元器件调整 4 种操作：水平反转（Flip horizontally）、垂直反转（Flip vertically）、顺时针旋转90°（Rotate 90° clockwise）和逆时针旋转 90°（Rotate 90° counter clockwise）。元器件调整如

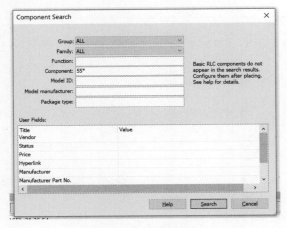

图 A-2-3　元器件搜索

图 A-2-4 所示。

　　(4) 元器件复制和粘贴：如用到的元器件当前电路中已有，可直接复制已有元器件然后粘贴。

　　(5) 元器件删除：要删除选定元器件，可按 Delete 键，或执行删除命令。

　　放置仪表可以单击虚拟仪器工具栏相应按钮，或者使用菜单方式。

　　3. 元器件编辑

　　双击电路工作区内的元器件，会弹出属性对话框，如图 A-2-5 所示，常用功能如下。

　　(1) Label 页：可用于修改元器件的标识(Label)和编号(RefDes)。编号一般由软件自动给出，用户也可根据需要自行修改，但须保证编号唯一性。有些元器件没有编号，如连接点、接地点等。

　　(2) Display 页：用于设定已选元器件的显示参数。

　　(3) Value 页：当元器件有数值大小时，如电阻、电容等，可在该页中修改元器件标称值、容差等数值。

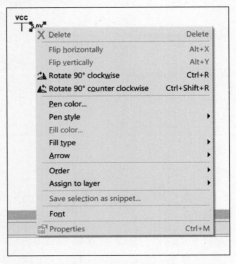

图 A-2-4　元器件调整

图 A-2-5　元器件编辑

（4）Fault 页：电路仿真过程中在元件相应引脚处人为设置故障点，如开路、断路及漏电阻。

4. 连线和进一步调整

如图 A-2-6 所示，导线连接有两种形式。

（1）自动连线：单击起始引脚，光标指针变为"十"字形，单击可引出导线，将光标指向目的端点，该端点变红后单击，即完成了元件的自动连接。

（2）手动连线：单击起始引脚，光标指针变为"十"字形后，在需要拐弯处单击，可以固定连线的拐弯点，从而设定连线路径。

当需要控制连线过程中导线的走向时，可在关键的位置单击以添加导线拐点。

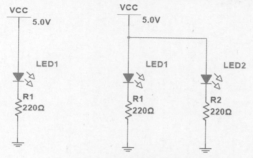

图 A-2-6 导线连接仿真图

（3）导线颜色的改变。在 Multisim 中如要改变所有导线的颜色，右击空白工作区，选择属性命令打开页面属性设置对话框，在其中的自定义颜色部分可改变所有导线（wire）的颜色，如图 A-2-7 所示。

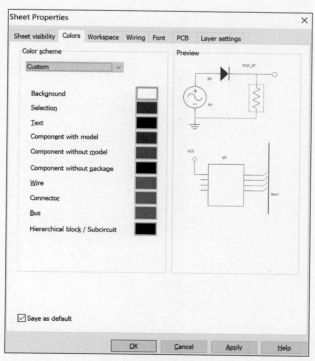

图 A-2-7 导线颜色设置

（4）导线删除。右击要删除的导线，在弹出菜单中选择 Delete 按钮。或者直接选中导线，用键盘上 Delete 键对导线进行删除。

（5）导线上插入元件。要在两个元件的导线上插入元件，只需将待插入的元件直接拖放在导线上，然后释放即可。

5. 电路仿真

（1）单击 Simulate/Run 开始仿真，Multisim 界面出现仿真状态指示。

（2）双击虚拟仪器，进行仪器设置，获得仿真结果。

6. 输出分析结果

使用菜单命令 Simulate/Analyses。可根据要求，适当增加测试节点。

附录 B

APPENDIX B

智能互联实验管理系统

B.1 基本功能

该系统分为学生端和教师端,如图 B-1-1 所示,学生端个人工作台包括 5 个菜单:我的课程、我的作业、我的成绩、我的信息、我要退出。可以进行实验数据提取、实验报告提交、成绩查询等操作。

图 B-1-1 学生端个人工作台

1. 我的课程

学生在课程管理员完成课程共享后,单击右上角的【加入课程】,选择开放课程,单击【加入课程】,完成课程的加入;单击【退出课程】,可以退出已加入的课程,如图 B-1-2 所示。

2. 我的作业

学生在"我的作业"中可查看教师发布的项目、进行在线测量、完成提交报告等,如图 B-1-3 所示。

单击【在线实验】,可打开在线测量软件,抓取并记录各仪器的测量结果;单击【提交报告】,可上传实验报告,并将"在线实验"中抓取的数据自动插入到实验报告中上传给教师。

图 B-1-2 我的课程

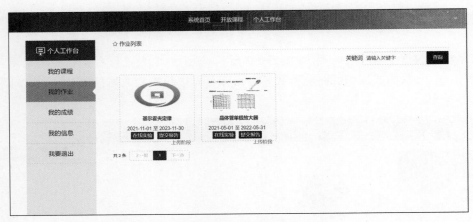

图 B-1-3 我的作业

3. 我的成绩

在教师完成实验报告批阅并开放成绩查询后,学生可在【我的成绩】中查看出错分析、批阅细节等,如图 B-1-4 所示。

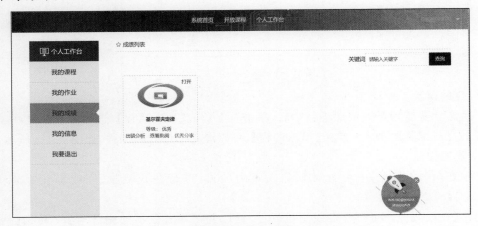

图 B-1-4 我的成绩

单击【出错分析】,弹出出错分析弹窗,可查看实验报告中的错误点。单击【查看批阅】,可以看到教师批阅过的实验报告,其中有批注、总评和批改痕迹。

4. 我的信息

学生可以在"我的信息"中查看个人信息,包括"我的账号""我的姓名""我的性别""我的学校""我的照片",并在该页面修改密码和个人信息,如图 B-1-5 所示。

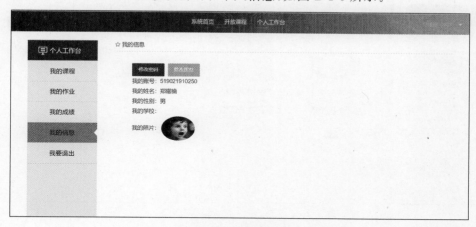

图 B-1-5 我的信息

B.2 学生操作流程

学生实验在线实验操作分为 4 个步骤:登录系统;进行"在线实验";提交实验报告,完成实验流程;查看成绩。

1. 登录系统

学生完成实验操作,需要抓取测量仪器实验数据时,打开相应网址,输入用户名和密码,登录系统进入个人工作台,如图 B-2-1 所示。

图 B-2-1 系统登录

2. 在线实验

进入我的作业,选择教师发布的对应实验项目,单击"在线实验",再单击【打开】,打开"在线测量软件",如图 B-2-2 所示。

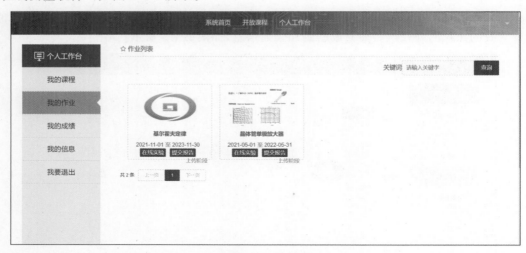

图 B-2-2　在线测量

打开对应的插件,检测设备状态是否"连接成功",并且单击"查询数据",可以查看各设备的参数情况,确认是否为当前需要的型号,如图 B-2-3 所示。

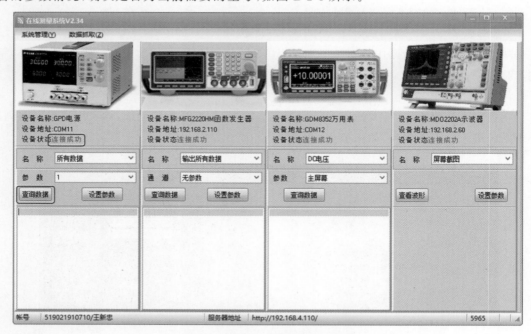

图 B-2-3　进入在线测量软件界面

单击左上角【数据抓取】,进入数据抓取界面,勾选要抓取的设备数据,并备注实验内容,如图 B-2-4 所示。

单击【立即测量】按钮。成功抓取数据后,会自动跳转到数据提交界面,抓取的测量数据显示在表格中,如图 B-2-5 所示。

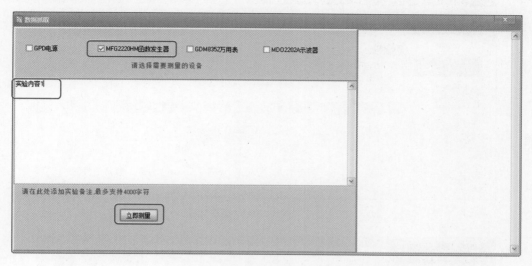

图 B-2-4 选取设备和备注实验内容

图 B-2-5 记录测量数据

确认无误后,单击【提交数据】按钮,可把抓取到的数据转换为图片,以备上传实验报告。

若需更新提取数据,可单击【删除】按钮,删掉本次抓取的数据记录,然后重新【启动软件】测量并抓取新的数据,如图 B-2-6 所示。

3. 提交实验报告

回到"我的作业",找到对应的实验项目,单击【提交报告】,单击【添加上传】按钮,上传编辑好的实验报告,单击【保存】按钮,自动将实验数据插入实验报告中,并上传给教师,如图 B-2-7 所示。如此便完成了全部实验流程。

4. 查看成绩

教师完成批阅并开放查分后,学生可在"我的成绩"【查看批阅】中查看教师批阅过的实验报告,其中有批注、总评和批改痕迹。

图 B-2-6　删除记录和提交数据

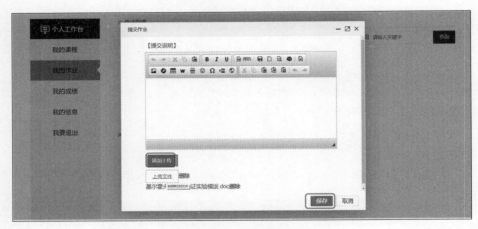

图 B-2-7　提交报告

单击【出错分析】按钮,弹出出错分析弹窗,可查看实验报告中的错误点,如图 B-2-8 所示。

图 B-2-8　出错分析

单击【查看批阅】按钮,可以看到教师批阅过的实验报告,其中有批注、总评和批改痕迹,如图 B-2-9 所示。

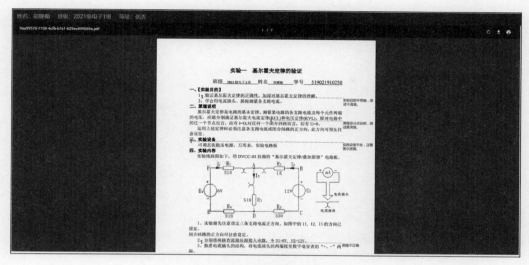

图 B-2-9 查看批阅

参 考 文 献

[1] 刘泾,黎恒,肖宇峰.数字电子技术实验指导书[M].2版.北京:高等教育出版社,2016.

[2] 张艳敏,王建强.电子技术实验与实践指导[M].北京:机械工业出版社,2020.

[3] 杨杰忠.电子技术基础习题册[M].北京:中国劳动社会保障出版社,2014.

[4] 涂丽平.电子技术实验与课程设计教程[M].西安:西安电子科技大学出版社,2020.

[5] 张建强,鲁昀,陈丹亚,等.电子制作基础[M].2版.西安:西安电子科技大学出版社,2016.

[6] 党宏社.电路、电子技术实验与实训[M].北京:机械工业出版社,2017.

[7] 摆玉龙.电子技术实验教程[M].北京:清华大学出版社,2015.

[8] 张金.电子设计与制作100例[M].3版.北京:电子工业出版社,2017.

[9] 程春雨,商云晶,吴雅楠.模拟电路实验与Multisim仿真实例教程[M].北京:电子工业出版社,2020.

[10] 樊盛民,樊攀.电子制作入门[M].北京:化学工业出版社,2021.

[11] 王久和,李春云.电工电子实验教程[M].3版.北京:电子工业出版社,2013.

[12] 王鲁云,于海霞,等.模拟电路实验综合教程[M].北京:清华大学出版社,2017.

[13] 江杉.电子元器件与电子制作[M].北京:北京理工大学出版社,2009.

[14] 张丹,王玉珏.电子技术实验指导书[M].南京:东南大学出版社,2021.

[15] 田金鹏,王瑞.电子电路软件仿真实验教程[M].北京:清华大学出版社,2020.

[16] 李景宏,赵丽红,李晶皎,等.电子技术基础习题解答与指导[M].北京:电子工业出版社,2013.

[17] 陈杰.开源硬件激光切割创新电子制作[M].北京:人民邮电出版社,2021.

[18] 杨飒,张辉,樊亚妮.电路与电子线路实验教程[M].北京:清华大学出版社,2018.

[19] 王连英,李少义,万皓,等,电子线路仿真设计与实验[M].北京:高等教育出版社,2019.

[20] 马秋明,孙玉娟,逄珊.电路与电子学实验教程[M].北京:清华大学出版社,2018.

[21] 王建新,刘联会.通信电路与系统[M].北京:北京邮电大学出版社,2014.

[22] 毕满清.电子技术实验与课程设计[M].4版.北京:机械工业出版社,2016.

[23] 门宏.门老师教你学电子:轻松电子制作[M].北京:化学工业出版社,2016.

[24] 王晓鹏.面包板电子制作130例[M].北京:化学工业出版社,2015.

[25] 普拉特C.爱上电子学:创客的趣味电子实验[M].李薇濛,译.2版.北京:人民邮电出版社,2016.

[26] 方大千,朱丽宁,等.电子制作128例[M].北京:化学工业出版社,2016.

[27] 张永华.电子电路与传感器实验[M].北京:清华大学出版社,2018.

[28] 廉玉欣.电子技术实验教程[M].北京:高等教育出版社,2018.

[29] 朱定华.电子电路实验与课程设计[M].北京:清华大学出版社,2009.

[30] 李国丽.电子技术基础实验[M].北京:机械工业出版社,2019.

[31] 程春雨.模拟电子技术实验与课程设计[M].北京:电子工业出版社,2016.

[32] 张慧敏.电子技术实验与课程设计[M].北京:电子工业出版社,2017.

[33] 伊藤尚未.电子制作大图鉴[M].丛秀娟,译.北京:机械工业出版社,2020.

[34] 王晓鹏.创客电子制作:分立元件[M].北京:化学工业出版社,2020.

[35] 刘智,刘振乾,王桂兰.好玩的电子制作[M].北京:科学出版社,2014.

[36] 范秀香.模拟电子技术实验指导书[M].2版.北京:北京航空航天大学出版社,2021.

[37] 刘祖明,祝新元,等.36例趣味电子制作经典图解[M].北京:机械工业出版社,2016.

[38] 毕满清.电子技术实验与课程设计[M].5版.北京:机械工业出版社,2019.

[39] 沈小丰.电子线路实验:数字电路实验[M].北京:清华大学出版社,2007.

［40］ 查丽斌.模拟电子技术习题及实验指导［M］.2 版.北京：电子工业出版社,2018.

［41］ 骆雅琴.电子技术实验教程［M］.3 版.北京：北京航空航天大学出版社,2022.

［42］ 欧阳宏志.电工电子实验指导教程［M］.2 版.西安：西安电子科技大学出版社,2021.

［43］ 吕知辛,宋雪萌.电路与电子技术基础实验指导［M］.北京：清华大学出版社,2020.

［44］ 王贞.模拟电子技术实验教程［M］.北京：机械工业出版社,2018.